農業・地域再生とソーラーシェアリング

田畑 保 著

筑波書房

はしがき

ソーラーシェアリングといっても多くの人にはまだあまり聞き慣れない言葉かもしれません。それはソーラー（太陽光）をシェアする（分け合う）ということですが、では何のために、どのようなことに分け合うのでしょうか。作物の栽培と太陽光発電とで太陽光を分け合うということです。では何故そのような分け合うということが必要になるのでしょうか。

農地に太陽光発電施設を設置してしまえば、農地は農地として利用できなくなります。それではシェア＝分け合うということにはなりません。ソーラーシェアリングのソーラーシェアリングたる所以は、農地を農地として利用しながらあわせて太陽光発電も行うというところにあります。それが可能となるために、支柱を立てて地上３ｍほどの高さにパネルを設置してパネルの下の作物にも光が届くようにし、太陽光発電を行いながらパネルの下では作物が育つようにします。こうすることで太陽光を作物栽培と発電とでシェアすることが可能になります。農地は食料生産の場として貴重な存在です。その農地を食料生産のための場として利用しながら、あわせて太陽光発電にも利用するというところにシェアする、分け合うということの意味があります。それは太陽光利用のシェアであると同時に、農地利用のシェアでもあります。ちなみにソーラーシェアリングは長島彬氏によって15年ほど前に考案されました。

これまで太陽光発電では、屋根の上に設置するものと、いわゆる「野立て方式」とよばれるものが大部分を占めていました。後者は山林や原野、雑種地等に設置する太陽光発電です。農地を潰して（転用して）太陽光発電施設を設置するのも少なくありませんでした。

しかし農地は食料を生産するための貴重な資源です。とくに食料の自給率が40％を割り込むような低い中で、貴重な農地を潰して他の用途にあてることは認められません。

現実には前述のように農地を転用して太陽光発電を行っているところが少なくありませんが、それは一応農用地区域内農地、甲種農地、第1種農地という優良農地以外に限定されており、優良農地については農地以外の用途への転用は原則認められておりません。

こうした中で、農水省は２０１３年3月31日付けで農村振興局長通知を出し、一定の制限を設けた上で優良農地にもソーラーシェアリングの設置に途を開きました。いわゆる「営農型発電」です。これによって農地を農地として利用しながら太陽光発電も行うソーラーシェアリングが次第に増えてきました。

繰り返しになりますがソーラーシェアリングはいわゆる「野立て方式」とは異なって、農地を農地として利用しながら太陽光発電もあわせ行うものです。それは農家をサポートするためのソーラーシェアリング、農家を元気にし、地域も元気にするためのソーラーシェアリングです。「農業が主」のソーラーシェアリングであってこそ農家も地域も元気になります。ソーラーシェアリングがそのように活用されるためには農家や農家と連携した市民エネルギー組織等が事業の主体となることが必要になります。そのように取り組まれることで、ソーラーシェアリングは農業を支え、農家や地域を元気にするために活用することが可能となります。そのように取り組まれるソーラーシェアリングは農業や地域にとって大きな可能性をもった自然エネルギー事業であるということができるでしょう。

これまで農業問題の研究に従事してきた者として、ソーラーシェアリングのそうした側面に注目し、ソーラーシェアリングが実際に農業の振興、地域の再生のためにどのように役立てられているか、さらにソーラーシェアリングを地域で広げ、農業・地域の再生に活用していくためにどのようなことが必要か等について、少し突っ込んで調べてみたいと思うようになりました。そこでこの一年ほど農家、地域が主体となってソーラーシェアリングに取り組んでいるところを訪問し、そこでの取り組みについていろいろ話をうかがってきました。本書ではそうした農家の取り組みに焦点を当てながら、農家個々が取り組んでいる事例や、市民エネルギー組織との連携もふくめ農家が地域で様々な形で連携しながら取り組んでいる事例を主に取り上げました。それとあわせて、今はまだあまり多くはありませんが、集落営農がソーラーシェアリングに取り組んでいる事例も、今後の発展への期待もこめて取り上げてみました。

そのようなことで本書は、地域でソーラーシェアリングに取り組んでいる事例の紹介が主となりましたが、後半では農村でソーラーシェアリングを広げていく上での制度面での課題や、当面する農業・農村問題に対してソーラーシェアリングがどのような役割を果たしうるかについても考えてみました。本書がソーラーシェアリングに少しでも関心をもってもらうきっかけとなり、さらに自然エネルギーと農業、地域の今後を考える際の参考になれば幸いです。

2018年4月

目次

第1章　今何故ソーラーシェアリングに注目するか

1　ソーラーシェアリングの特徴

太陽光を作物栽培（営農）と発電でシェアする

今、ソーラーシェアリングとよばれる新しいタイプの太陽光発電が大きな注目をあびています。これは、農地は農地として利用しながら、農地の上に設置した太陽光パネルで発電事業もあわせ行おうとするものです。

ソーラーシェアリングでは、地上から3mほどの高さに太陽光パネルを設置するために支柱を建て、パネルの下の農地では作物を栽培します。パネルは作物に必要な光が届くように一定の間隔をおいて設置します。パネルの高さを3mほどにすることでパネルの下でのトラクター等の走行、農作業も支障なく行えるようにします。こうすることでパネルの下の農地で作物を栽培しながら太陽光発電も可能となります。作物栽培（営農）と発電とでの太陽光のシェアです。

このソーラーシェアリングについて、２０１３年3月31日付けで農林水産省農村振興局長通知（「支柱をたてて営農を継続する太陽光発電設備等についての農地転用許可制度上の取扱いについて」）が出され、それまで太陽光発電等のための農地転用は原則的に認められてこなかった農用地区域内農地、甲種農地、第1種農地といった優良農地についても、太陽光発電設備のための支柱の設置について農地の一時転用許可の対象となることになりました（3年以内の期間、ただし継続も可能）。「営農型発電」と呼ばれるソーラーシェアリングです。これによりソーラーシェアリングが可能な土地が大きく広がることになりました。ちなみに農用地区域内農地面積は２０１３年で４０６万haです。この農村振興局長通知以降ソーラーシェアリングが各地に広がることになりました。

農地の立体的活用

ソーラーシェアリングは、農地を農地として利用しながらの発電事業です（支柱の基礎部分については一時転用となりますが、営農に利用する農地に比較してごく僅かの土地です）。そこに野立て方式の太陽光発電との根本的な違いがあります。営農と発電事業との両立＝共存の根拠でもあります。農地は農地として活用しつつ、その３ｍほど上の空間で発電事業を行う、いわば農地の立体的活用です。

コラム１
「光飽和点とソーラーシェアリング」

高校の生物に「光飽和点」、「光補償点」という言葉がでてきます。作物の生育にはこの「光飽和点」までの太陽光は不可欠ですが、それを超える太陽光は必ずしも必要ではありません。この「光飽和点」以上の太陽光を発電に活用し、太陽光エネルギーを作物栽培と発電とでシェアするというのがソーラーシェアリングの考え方です。

この「光飽和点」は作物によって異なります。例えばトマトは70キロルクスと高いが、ミョウガやミツバは20キロルクスと低く、イネは45キロルクス程度です。「光飽和点」が高ければより多くの太陽光が作物に降り注ぐようにする必要がありますが、低ければその必要は小さくなります。ソーラーシェアリングで一定基準以上の収量を確保するためには、その点を考慮して遮光率の調整と太陽光パネルの下の農地で栽培する作物の選択が必要になります。

このソーラーシェアリングの考え方は2003年長島彬氏によって考案されました（長島彬『日本を変える、世界を変える！　ソーラーシェアリングのすすめ』リック、2015）。長島氏は2004年に特許登録をしましたが、誰でもが利用できるようにし、農村の活性化のために活用してもらうことを期待し、「公開特許」としました。

このように農地を農地として活用するソーラーシェアリングは、今後の発展に大きな可能性をもった、伸びしろの大きな取り組みといえるでしょう。

2　農業・地域再生のためのソーラーシェアリング

このように太陽光を作物栽培（営農）と発電とでシェアすることで農業と発電事業との共存が可能となります。しかし単に発電事業のために農地も利用するということだけでは、本来の意味での農業と発電事業との共存にはなりません。農業の振興、地域の再生のために発電事業を活用することでこそ農業と発電事業との共存が可能となります。そして、農業の振興、地域の再生のために発電事業を活用するためには農家、地域が主体となって発電事業に取り組むことが重要になります。

今、農村では都市からのUターン、Iターンが広がり、それとも共鳴しあいながら地域の人たちによる地域おこしの取り組みが広がっています。こうした地域の人たちによる地域おこしの取り組みと、農家、地域が主体となったソーラーシェアリングがつながっていけば、ソーラーシェアリングがそれらを経済面から支え、地域おこし、地域再生の取り組みがより強く、太い流れになっていくことが期待されます。農業と地域の再生を支える新しい力としてのソーラーシェアリングです。

3　地域で広がりつつあるソーラーシェアリング

「営農型発電」は着実に増加

太陽光発電は、山林や雑種地等の非農用地に設置するものだけでなく、農地に設置するものも多いですが、農地への設置については前述のように農地法上の転用許可が必要です。

表1－1は、農地に太陽光パネルを設置するための農地転用許可実績の推移を示したものです。これまでは農地を転用して設置する方式が圧倒的に多かったのですが、それは2014年がピークで、その後は減少傾向にあります。なお1件当たり面積は、2013年までは20aを上回っていましたが、2014年以降は20aを下回っています。FITの買取価格が低下傾向にあり太陽光発電のかつてのようなメリットが縮小傾向にあること、環境破壊的な（野立て方式の）メガソーラーへの批判が高まっていること等もあいまってメガソーラーの拡大の余地が縮小していることの反映とみることができるでしょう。

表1-1　農地に太陽光パネルを設置するための農地転用許可実績

	2011	2012	2013	2014	2015	合計
農地を転用して設置する方式（件数）	18	1,152	6,286	11,930	9,432	28,818
面積（ha）	0.7	263.9	1,351.6	2,268.0	1,581.4	5,465.6
営農を継続しながら発電する方式（件数）			97	304	374	775

資料：農水省農村振興局農村政策部農村計画課調べ

これに対し、営農を継続しながら発電する方式＝「営農型発電」はまだごく少数にすぎませんが、農地を転用して設置する方式とは対照的に増加傾向にあります。

「営農型発電」の地域別動向

農水省のデータには「営農型発電」の地域別の数値は公表されていませんが、一般社団法人全国営農型発電協会は地域別のソーラーシェアリングの設置件数を公表しています（「ソーラーシェアリング全国市町村別許可件数一覧」）。それによれば、2017年5月27日時点で全国の設置件数が1054件で（**表1―2**）、農水省公表の2015年度末の件数を大きく上回っています。そのうち関東が4割、東海が2割でこの2地域で全国の6割を占めています。県別では千葉（215）、群馬（103）、静岡（122）が突出して多く、徳島（53）、福島（48）がそれに続いています。なお、こうした地域的特徴は、いわばソーラーシェアリン

表 1-2　営農型発電の地域別件数

北海道		6
東北		96
	福島	48
関東		399
	千葉	215
	群馬	103
	茨城	39
北陸		31
東山		34
東海		206
	静岡	122
	岐阜	38
近畿		69
中国		36
四国		120
	徳島	53
	香川	30
九州		52
沖縄		5
全国		1,054

資料：一般社団法人全国営農型発電協会調べ（2017年5月27日）

グの普及の初期段階のものであり、今後普及が進んでいけば変わる可能性もあります。

市民発電所でもソーラーシェアリングの比重が高まる

市民発電所でもソーラーシェアリングの比重が高まりつつあります。NPO法人市民電力連絡会が調査集計した『市民発電所台帳2017』によれば、かっては「屋根上」が中心だった市民発電所においても「野立て」にシフトし、さらに「ソーラーシェアリング」がそれにとって代わりつつあることが明らかにされています。市民発電所においてもソーラーシェアリングの比重が高まってきているというのは注目すべきことです。

以下では、地域でのこうしたソーラーシェアリングの取り組みについていくつかの事例を取り上げて、ソーラーシェアリングが地域でどのように取り組まれ、その成果がどのように還元され、農業の振興や地域の再生につながっているかについて少し詳しくみていくことにします。

第2章では、農家個々による取り組みを、第3章では集落営農での取り組みを、第4章では農家が地域で連携して取り組んでいるケースや、農家と市民エネルギー組織等が連携して取り組んでいる事例を取り上げることにします。

次いで第5章では、こうした各地での取り組み事例を踏まえてソーラーシェアリングが日本の農業・

農村問題に対してどのような意義を有し、どのような役割を期待できるかについて考えてみることにします。

最後の第6章ではソーラーシェアリングを農村で広げていく上で現在問題となっている主に制度面での課題について整理します。

参考文献・資料（本書全体にわたる参考文献）

長島彬『日本を変える、世界を変える！　ソーラーシェアリングのすすめ』（リック、２０１５年）
『EARTH JOURNAL［アースジャーナル］vol.05 2017 AUTUMN　農業とエネルギー　ソーラーシェアリング入門』

第2章　個別農家が取り組むソーラーシェアリング

1　ソーラーシェアリングを農家の経営の一部門に
――茨城県筑西市（旧下館市）上平塚の渡辺健児さん

茨城県の西部、鬼怒川左岸の平野部に位置する筑西市（旧下館市）上平塚。そこではかって32戸の農家が農業を営んでいました（1970年）。しかし農業をやめる農家が増え、現在農家は14戸、そのうち主業農家は4戸だけに（2010年）。他方農業をやめる農家の農地を借り集め26haを耕作する大規模農家も生まれています。ここで農業を営む渡辺健児（67歳）さんも4戸から4haの水田を引き受け、自作地2haとあわせて6haの水田を耕作しています。

渡辺さんは27歳のときから27年間にわたって旧下館市の農業委員を務めてきました。その後市会議員も務めましたが両親の介護が大変になり、公職は退きました。茨城県の農民連に所属し、税対部長として活躍し、税対策の面で豊富な経験・知識を培ってきています（茨城県西農民センター副会長・税対部長）。

きっかけは農民連の自然エネルギー見学会への参加

ソーラーシェアリングに取り組むきっかけは、茨城県農民連の仲間達と長野県（飯田市、佐久市）の自然エネルギーの見学会に参加したことです。そこで自然エネルギーの重要性を学び、それがきっかけでソーラーシェアリングに取り組もうということになりました。渡辺さんはすぐやろうと思ったと語っています。

渡辺さんは「営農型発電」の情報を各方面から収集し、農地の一時転用の申請に必要な資料・データを収集・作成して農業委員会に申請を行いました。そこでは渡辺さんが長らく農業委員を務めてきた経験も活かされたと思われます。農業委員会の許可を得て２０１６年3月水田約15ａにソーラーシェアリングのパネルを設置しました。ＦＩＴの設備認定容量は49・５kWで、買取価格は32円／kWhでした。パネルは可動式で、太陽の角度の変化にあわせてパネルの角度を月に1回くらい手動で変化させています。

パワコンも4台設置しています。高圧電線が渡辺さんの住宅の近くまできており、ソーラーシェアリングも住宅の近くに設置したので、今回は系統接続の費用は比較的安く済みましたが、この距離が長くなると系統接続のために負担しなければならない費用はかなり高くなります。

渡辺さんは水田の80％で飼料用米を作っています。パネルの下でも飼料用米を栽培しています。渡辺さんを訪ねた2017年10月末には既に収穫は終わっていましたが、今年の作柄は良好で、パネルの下の飼料用米の10a当たり収量は10俵半ほどで、ソーラーシェアリングではない他の水田に作付けた飼料米より1俵ほど少なかったが地域の平均収量よりは多かったとのことです。

納屋や住宅の上に設置するパネルも水田に設置するパネルも一体で

渡辺さんのところでは水田に設置したソーラーシェアリングと前後して納屋や住宅の上にもソーラーパネルを設置しています。渡辺さんがユニークなのは、これらをソーラーシェアリングと一体のものとして捉え、設置していることです。つまり納屋や住宅もソーラーパネルの設置のための付属施設として位置付けているのです。水田でのソーラーシェアリングに先だって納屋の上にパネルを設置しましたが、この納屋は壁が二面だけなので建物としては扱われません。納屋はソーラーパネルを支える架台に設置されており、太陽光発電の付属施設になっているのです。住宅の上に設置されているソーラーパネルについても、ちょうど住宅の改築を行ったときだったので、それを機にソーラーパネルを支える施設となるように手を加えました。

このような形にすることによって発電施設の設置費用の減価償却分が租税控除の対象となり、節税が可能となります。住宅や納屋のままではそうした節税は困難です。農民連の税対部長として活躍し、節税対策で経験豊富な渡辺さんならではのやり方といえます。

渡辺さんのところに設置された太陽光発電3基の認定容量は、それぞれ13・5kW（納屋の上）、49・5kW（水田に設置の営農型発電）、20kW（住宅の上）で合計83kWとなります。2017年1月から訪問時の10月までの発電量は約6・6万kWhで、2017年末までには約8万kWh、売電額も260万円ほどが見込まれます。

設置に要した費用は約2800万円ですが、それらは自己資金と親戚・知人からの借入でまかないました。金融機関からの借入はありません。親戚・知人からは1％の利子で融資してもらいました。これは、今はゼロ金利なのでソーラーシェアリングの取り組みが親戚・知人にとっても貴重な資産運用の機会になったという見方もできます。ソーラーシェアリングの成果の周囲への還元でもあります。

農家経営の多角化としてのソーラーシェアリング

さきに述べたことと重なりますが、ソーラーシェアリングの取り組みを「営農型発電」だけに限定せず、節税対策や老後の生活のことも含めた農家の経営や生活と一体で考えるべきというのが渡辺さんの考え方です。

第1章でソーラーシェアリングの特徴として、太陽光の作物栽培（営農）と発電とでのシェア、農地の立体的活用、をあげました。それをさらに進めてソーラーシェアリングを農家の経済・経営の一部門として位置付け、農家の経営や生活の中でソーラーシェアリングの活用の仕方を考えていくべきということです。農家が取り組むソーラーシェアリングとしては非常に重要な考え方です。

例えば、ソーラーシェアリングでの年間約260万円の売電収入を稲作で確保するためには（10a当たり10万円の収入とすれば）2・6haの耕作が必要になります。つまり稲作なら2・6ha分の収入をソーラーシェアリングで実現していることになります。ソーラーシェアリングは農家にとって一種の経営部門の多角化、複合化としてとらえることができるのではないか。そう考えると、ソーラーシェアリングの設置や維持管理に多少の苦労がともなったとしてもそれは許容範囲ではないか。渡辺さんはまわりの人たちにそのような話をしてソーラーシェアリングを薦めています。

節税対策としてのソーラーシェアリングの薦め

渡辺さんは節税対策という面からもソーラーシェアリング、ソーラーパネルの設置を薦めています。例えば、納屋や住宅等の改築の機会等を利用して、前述したような工夫を行うことで節税が可能となります。節税対策としてのソーラーシェアリングの薦めです。農民連の税対策部長として農家の税対策等で活躍し、多くの経験を重ねてきた渡辺さんならではの、目のつけどころのユニークさでもあります。

まわりの人たちにソーラーシェアリングを広げるために

渡辺さんはまわりの人たちにソーラーシェアリングを広げるために様々な努力・工夫を重ねています。前述したように納屋や住宅の改築の機会を利用したソーラーシェアリングの一部としての納屋や住宅の活用など節税対策としてのソーラーシェアリング、太陽光発電の推奨は渡辺さんがとくに力をいれている点です。渡辺さんは自分のところでの取り組みの経験等を伝えながらまわりの人たちに熱心にソーラーシェアリングの意義を説明し、推奨しています。

渡辺さんがソーラーシェアリングに取り組むきっかけが長野県での見学会への参加であったように、ソーラーシェアリングを広めていく上では見学会の実施等も有効です。その点で興味深いのは、茨城県農民連と産直ネットワークいばらきによる経営学習交流会で渡辺さんのところのソーラーシェアリングが取り上げられたことです。その様子が「太陽光発電を経営の一つの柱に」「薦めてみたくなる」という見出しで農民運動全国連合会（略称：農民連）の新聞『農民』（２０１７年８月７日）に紹介されています。そこに参加した人たちから「農産物の生産・販売だけでなく経営の一つの柱としても考える必要があると思った」「見てみて本当にやってみたくなるし、勧めてみたくなるものだった」「これからの農業のあり方を考えさせられた。小規模農業の持続に大いに参考になった」などの感想が出されています。

とはいえ、それを実際に広げていくのは必ずしも容易ではなく、今後にまつべきところが多いのも事実です。そうした中で、新たにソーラーシェアリングを設置する農家が隣の真岡市に生まれたことが特筆されます。「営農型発電」の認定を取得していたものの、親の反対でのびのびになっていましたが、思い切って設置に踏み切ることになったとのことです。

設置工事を皆でやればコストも下げられる

ソーラーシェアリングの設置費用のうちパネルの価格はかなり低下してきていますが、設置工事費はあまり低下せず、設置費用のうちの半分近くを占めるようになっているとのことです。とすれば設置工事を自分達で引き受けてやるようにすれば設置費用も大幅に引き下げられるのではないか、と渡辺さんはみています。地域の農家の中にはその方面の技術や経験を有している人もいるので、仲間達が集まって自分達でやることも可能なはずとみています。パネルを支える支柱に使う単管パイプもホームセンターに行けば手に入り、まとめて買えばかなり値引きしてもらえます。

今はまだ地域の農家が連携してソーラーシェアリングに取り組むまでにはなっていませんが、将来的にはそうしたことも視野にいれてソーラーシェアリングの普及を考えていきたいとのことです。

東電からの系統接続拒否問題

渡辺さんはソーラーシェアリングをさらに増設する計画をもっていますが、経産省の認定と東電の系統接続拒否の問題にぶつかっています。渡辺さんは自宅から少し離れた畑にソーラーシェアリングを2基設置する申請を行いましたが、1基は認定されたものの、もう1基は認定されませんでした。同じ地番や隣接する地番ではソーラーシェアリングを別々に設置するのは認められないというのが申請を担当してもらった業者からの説明でした。なんとも腑に落ちない理由です。

それはともかく、認定を受けた1基の方の設置に取りかかろうとしたところ今度は東電の方からの系統接続拒否の問題にぶつかりました。それから1年ほどたっているのに未だにＯＫが出ない状況です。電力会社による系統接続拒否の問題は今各地で頻発している問題ですが、こうした電力会社の対応を変えさせ、自然エネルギー電力の接続保証を認めさせることは、自然エネルギー、ソーラーシェアリングを広げていく上で差し迫って重要な問題になっています（この問題については第6章で少し詳しく取り上げます）。

ソーラーシェアリングで安心してあとつぎに農業を引き継いでもらう

渡辺さんはソーラーシェアリングの設置によって新たな収入の途を確保することが出来ました。同居している渡辺さんのあとつぎは現在病院の事務で働いていますが、ソーラーシェアリングによって安定した収入が確保出来ることになったので、あとつぎにも安心して農業を引き継いでもらう見通しがたちました。

エネルギーの自給自足100%を

渡辺さんの大きな目標はエネルギーの自給自足100%です。現在は蓄電池が高価なため蓄電池の普及はまだ先で、水素ステーションもそうですが、この二つが安くなり、普及が進めば、車も農機具も自然エネルギーの電気で動かせるようになります。いずれそうした時代が到来し、エネルギーの自給自足100%も夢ではなくなります。渡辺さんはこうしたエネルギーの将来についてまわりの人にも説明出来るようになるために勉強しているとのことです。大きな目標を目指して渡辺さんは大変意欲的です。

参考文献・資料

「第2回経営学習交流会」（農民運動全国連合会新聞『農民』2017年8月7日、第1274号）
「太陽光利用『ソーラーシェア』増加　耕作、発電、農地二刀流　農家の経営安定に寄与」（『北海道新聞』2017年8月19日）

2　農地・山林のほとんどをソーラーシェアリングに活用
――福島県川俣町ＫＴＳＥ合同会社（1）代表社員　齋藤広幸さん

ソーラーシェアリングとの出会いで兼業農家から専業農家へ

福島市の南東、川俣町小神東地内で90ａほどの農地（水田55ａ、畑35ａ）を耕作する齋藤広幸さん。40歳頃までは両親の農業を手伝いながら機械関係の会社で働いていました。段々農業に強い魅力を感じるようになり、会社を辞めて農業に取り組もうと考えはじめた頃に3・11の東日本大震災がおきました。東電の原発事故のためにここで作る農作物は全く売れなくなり、齋藤さんのところも先のみえない日々が続きました。農業を諦め、太陽光発電事業への転換も考えましたが、ここは第1種農地のために農地の転用が認められず計画は頓挫しました（転用許可が不要の宅地にだけ11kWの太陽光パネルを設置、２０１３年11月）。

転機は、２０１４年7月松本市で開催された「ソーラーシェアリング　実践とその効果」という講座に参加し、ソーラーシェアリングの考案者である長島彬さんと出逢ったことで訪れました。齋藤さんはその場でソーラーシェアリングに取り組むことを決意しました。その年千葉県で開催された第一回のソーラーシェアリング交流会にも参加し、会社員時代の経験を活かし、スマートターンの設計者とともにスマートターン式ソーラーシェアリングの共同開発にも加わりました。

早速4基のソーラーシェアリングの設置計画をたて、農業委員会に農地の一時転用の申請を行いました。千葉県の情報をもとに同じ資料を添付して申請したにもかかわらず、許可がおりるまでに半年もかかりました。

漸く2015年4月に一時転用の許可がおり、建設に着手。齋藤さんはもともと機械関係の会社で仕事をしていたこともあり、その経験を活かして設置工事はほとんど齋藤さんと息子さんの2人で進めました。

スマートターン式という新しいソーラーシェアリング施設だったこともあり、開発トラブル続きで着工から完成までに約1年を要しましたが、2016年6月までにようやく設置工事を完了させ、少し遅れて転用許可がおりたもう1基も含め5基の発電所を稼働させ、米と大豆を作付けるところまでこぎつけることができました。

2016年度に建設した2~6号基の概要は**表2—1**の通りです。いずれも水田への設置です（6号基の一部だけは畑）。2号基、3号基を設置した田はもともとは1枚2~3aの小さい田だったのを、重

表 2-1　福島県川俣町 KTSE 発電所の概要（2016 年度までの完成分）

	地目	設備認定容量(kW)	農地一時転用許可	完成時期	作目	収量の平年比（%）
1号基	宅地	11		2013 年 11 月		
2号基	田	49.9	2015 年 4 月	2016 年 5 月	米	97.8
3号基	田	49.9	2015 年 4 月	2016 年 5 月	米	97.8
4号基	田	49.9	2015 年 4 月	2016 年 5 月	米	97.8
5号基	田	20	2015 年 4 月	2016 年 6 月	米	97.8
6号基	田、畑	49.5	2015 年 10 月	2016 年 3 月	米	72.9
					大豆	97

資料：KTSE 合同会社資料（2017 年 4 月 8 日）

機で区画を大きくする工事をしてソーラーシェアリングを設置しました。パネルの下では米（コシヒカリ、一部こがねもち）が栽培され、収量も6号基の米がやや低いがそれ以外は平年並みの収量を確保し、米質も1等でソーラーシェアリングでないところと遜色のない作柄を実現しています。

水田へのソーラーシェアリングの設置、米の栽培は全国的にまだそれほど多くありません。今後ソーラーシェアリングを大きくのばしていくには水田への設置が重要です。その点からも齋藤さんの取り組みは注目すべき事例です。

こうしてソーラーシェアリングに舵をきった齋藤さんは昨年度（２０１６年度）から専業農家になりました。ソーラーシェアリングに支えられての専業農家化です。

２０１６年度に苦労の末にソーラーシェアリングを成功させた齋藤さんは、「長い道のりだったが、……この道を選んで進んできて本当に良かったと強く感じている。自然に逆らわず農業をし農業の奥深さを痛感する日々だが、自然の中での農業は、資力に表せない幸福を感じる時がある。資力の豊かさに直結しないけれど、この幸福感は、人と人との助け合いの心や人を思いやる心の大切さに気付かされた」（「ＫＴＳＥ発電所ソーラーシェアリングについて」２０１７年1月17日）と述懐しています。

農地・山林のほとんどをソーラーシェアリングに活用

齋藤さんのソーラーシェアリングの特徴は、所有する農地・山林のほとんどをソーラーシェアリングに活用していることです。２０１７年度以降の7号基～15号基の建設計画は**表２―２**の通りですが、注目しておきたいのは15号基は別として地目が総て畑か山林となっていることです。つまり水田でソーラーシェアリングの設置が可能なところは総て２０１６年度に設置され、２０１７年度以降は畑や山林での設置へと進んできているということです。なお２０１６年度の水田へのソーラーシェアリングの設置には借入地に設置したところもありますが、そこは６年くらい耕作されていなかったところです。遊休地だったところがソーラーシェアリングの設置で農地に復元され、活用されるようになったわけです。なお、２０１９年度に畑への設置が計画されていますが、これは二つとも借入地への設置です。まだ地権者と交渉中で最終的にどうなるか不確定の面を残しているとのことです。

このように齋藤さんは農地のほとんどにソーラーシェアリングを設置し、さらに５ヶ所に分かれている１・５haほどの山林にもソーラーシェアリングを設置する計画が進められています。しか

表 2-2　KTSE 発電所建設計画（2017 年～2019 年度）

	地目	設備認定容量（kW）	建設予定時期
7 号基	畑	49.5	2017 年度
8 号基	畑、山林	40	2017 年度
9 号基	山林	49.5	2017 年度
10 号基	山林	49.5	2017 年度
11 号基	山林	49.5	2019 年度
12 号基	畑	49.5	2019 年度
13 号基	畑	49.5	2019 年度
14 号基	山林	49.5	2018 年度
15 号基	宅地	46.4	2017 年度

資料：表 2-1 に同じ

られなくなってきました。

その水車にかわってパネルの下で作物が茂っている風景が新たに見かけられるようになってきました。ソーラーシェアリングのある風景です。

写真は福島県川俣町の齋藤さんの水田に設置されているソーラーシェアリングですが、太陽光パネルの下で作物があおく茂っている光景は、農業と太陽光発電とが共存するソーラーシェアリングならではの光景で、野立て方式ではみられないものです。農村でソーラーシェアリングが広がっていけば、かっての水車のある風景のように日本の農村のあちこちでみられる風景となり、農村を訪れる人たちからも注目されるようになるのではないでしょうか。

（写真提供　齋藤広幸氏　カバーにも使用している）

パネルの下の田に陽がさしこんできた

コラム2
「ソーラーシェアリングのある農村風景」

かっての農村では水車をあちこちでみかけることができました。農村のシンボル的な風景にもなっていたように思います。水車のある田園風景です。筆者が育った北海道の山村でも水車があり、それを眺めながら学校に通った記憶があります。

水車は粉挽きや精米などに使われたり、水路から田に水を汲み上げるのに使われたりしました。農村での貴重なエネルギー源となり、農村で暮らす人たちのために使われ、農村の人たちの生活にとけ込んでいた存在でした。しかしその水車は今では、観光用のものは別としてあまり見かけ

パネルの下であおく茂る作物

も山林への設置は、野立て方式ではなくソーラーシェアリング方式でのパネルの設置で、山林を農地に造成し、パネルの下は農地として活用する予定となっていることも注目すべき点です。農地を転用できないためのソーラーシェアリングではなく、山林も農地に転換し農地として活用するためのソーラーシェアリングなのです。齋藤さんの場合は、ソーラーシェアリングによって農業経営の規模拡大を図っているわけです。環境破壊、景観破壊として問題となることも多い野立て方式のメガソーラーとは大きく異なるソーラーシェアリングです。

以上の経過からも分かるようにソーラーシェアリングはまず水田に設置され、次いで畑に、さらに山林へ（農地に造成した上で）という形でソーラーシェアリングが拡大され、借り入れ地にも一部設置するという流れをみてとることが出来ます。

このように自家の農地・山林のほとんどをソーラーシェアリングに活用するというケースは全国でも極めて珍しい、貴重な事例ということが出来るでしょう。

資金調達で福島信用金庫が積極的に対応

設置費用の調達・確保がソーラーシェアリングを進める上での一番の問題と齋藤さんはいいます。2016年度設置分（2～6号基）については主に政策金融公庫と地元の福島信用金庫からの融資でまかないました。このうち2～5号基については政策金融公庫から3300万円の融資を受けました（震災復興の低金利枠で3000万円）。政策金融公庫からの融資は低利ですが、宅地、建物等の担保が不可欠です。6号基については福島県の「ふくしまからはじめよう　再エネ発電モデル事業（営農継続モデル）」という事業の補助を受け、残額については福島信用金庫からの融資を受けました。信用金庫からの融資は金利も2％と相対的に高く、信用保証協会の保証も必要でした。

2017年度の7〜10号基と15号基の設置については政策金融公庫に相談にいきましたが、担保がないとダメと断られました。これに対し福島信用金庫は、逆に向こうの方から問い合わせがあり、5基分の融資を受けることが出来ました。信用保証協会の保証も不要でした。齋藤さんのソーラーシェアリングの1年間の実績が、「きぼうチャンネル」でも取り上げられ、地域で評価されるようになったこと等による変化とみられます。

表2―1、**表2―2**にあげたソーラーシェアリングは、FITの認定を早くに取得していたため、売電価格は40円、36円と高い価格でした。FITの買取価格が大幅に引き下げられたこともあり（2017年4月からは21円）、今後新たにFITの認定を受ける場合には事業の収益性の見通しはかなり厳しくなり、金融機関の審査も厳しくなることが予想されます。

FITの太陽光発電の買取価格がこの1〜2年大幅に引き下げられた中で、発電コストの引き下げが課題になっています。パネルの価格はかなり低下しつつありますが、設置工事費の引き下げも必要です。

この設置工事を農家や関係者が協力し合って自分達でやることが出来れば設置工事費はかなり抑えることが出来ます。齋藤さんは機械関係の会社で働いてきた経験も活かしながら設置工事は父や子どもの助けもえながら極力自力でやるようにしてきました。

かっては皆で協力し合う「結い」の文化がありました。最近はあまり見かけなくなりましたが、農村ではこの「結い」が大切です。ソーラーシェアリングの取り組み等が、この「結い」を復活させるきっかけになってくれればと齋藤さんは期待しています。

コンニャク芋栽培を通じての地域活性化への貢献

齋藤さんは２０１５年3月、この事業に取り組むに当たって作成した「ＫＴＳＥ合同会社3ヶ年事業計画」で再生可能エネルギー事業と農業収益改革事業という2つの項目をおこし、単に再生可能エネルギー事業、ソーラーシェアリングの目標だけでなく、売電収入の一部を活用した地域交流や地域活性化できる農業経営などを打ち出し、地域に多くの人が集う営農を目指すことや、この地域の新しい特産品開発を目指すなどソーラーシェアリングを活用しての地域活性化を重要な目標として掲げていました。ソーラーシェアリングを軌道にのせた齋藤さんは、この地域活性化の目標に向かって歩み始めています。

２０１５年12月遊休農地の解消を目的にコンニャク芋の生産組織「コンニャク川俣」が6名で立ち上

げられました。川俣町では町ぐるみでコンニャクの産地化と六次化を目指しています。齋藤さんも2017年にこの「コンニャク川俣」に入会しました。会員は現在10名になっています。

齋藤さんは山林の開畑・遊休地の活用等でコンニャク芋を拡大する計画をもっています。そうなれば齋藤さんのコンニャク芋栽培は「コンニャク川俣」の中でも非常に大きな比重を占めることになります。齋藤さんのコンニャク芋栽培の特徴は、これをソーラーシェアリングとして取り組もうとしていることです。ソーラーシェアリングでのコンニャク芋栽培は非常に珍しく、齋藤さんのコンニャク芋栽培については、そういう事情もあってNHKからも取材を申し込まれているとのことです。

このような齋藤さんのソーラーシェアリングでのコンニャク芋栽培に対しては、「コンニャク川俣」でも期待が高まることになるでしょう。前述したように齋藤さんのコンニャク芋栽培の土地での太陽光発電の買取価格は36円と相対的に高水準です。そのため実績があがれば売電収入の一部を寄附することも考えているとのことです。2年目の2017年の目標に「遊休農地をコンニャク畑として蘇らせながらソーラーシェアリングによる地域活性化を目的として励みたい」という決意が述べられていますが、当初からの目標でもあったソーラーシェアリングを通じての地域活性化に向けた歩みが始まりつつあります。

小神集落での太陽光発電1MW

齋藤さんが住む小神集落は総戸数200戸ほどの集落です。農家はそのうち約4分の1で、農業が主の農家となると5戸程度です。東地内（とうちうち）はその中の一つの班で、3戸ほどですが農家は齋藤さんだけです。

ソーラーシェアリングが小神集落で増えるところまではまだいっていませんが、注目が集まり、地域の中での理解は広がってきています。太陽光発電についてはこの小神集落で齋藤さんのソーラーシェアリングも含めると合計1MWにまで広がってきています。川俣町の中では小神集落が最大の発電量規模です。

地域でソーラーシェアリングを広げていくために

地域で自然エネルギー、ソーラーシェアリングを広げていくためには、農家や関係者の努力とともに、行政やJAとの連携、協力が重要です。齋藤さんは会津電力の佐藤彌右衛門社長から地産地消の発電事業の構想について提案され、佐藤社長、山田副社長と齋藤さんの3人で川俣町長のところに説明にいったことがありました。最初は興味深くきいてくれましたがその後変わってしまったとのことです。自治体の理解、協力をえるのも簡単にはいかない面があります。

浜通り等では大手企業がソーラーシェアリングの申請をしているのが多く、大手企業の場合はクリアしていますが、農家の場合にはスムースにいっていないようです。そこでJAが間に入って支援体制を作ってほしいと思っていますが、ここのJAはなかなか協力してくれていません。ソーラーシェアリングの融資の相談にいっても枠がないからと断られています。

地域でソーラーシェアリングを広げていくためには齋藤さんのような取り組みを通じて周囲の人たちの理解を広げていくことが基本ですが、JAや自治体にももっと積極的になってもらうことも重要です。

ソーラーシェアリングに支えられて農業に注力できた

ソーラーシェアリングに本格的に取り組んで2年。それは農業専業になっての2年間でもありました。いろいろ困難もあったがほぼ計画通りに進んできました。ソーラーシェアリングをやって本当に良かったと齋藤さんはつくづく思っています。

齋藤さんはソーラーシェアリングの成功でそこに安住するのではなく、ソーラーシェアリングによって生まれた経済的余裕、時間をコンニャク芋栽培による遊休地の活用、地域活性化の方向に傾注しようと思っています。ソーラーシェアリングによる農業への注力の深化です。それはソーラーシェアリングに取り組んだからこそ可能になった農業専業への道でもありました。そこには、「エネルギー兼業農家」というイメージとはやや異なった、日本の農業、農家の素晴らしさ、新しい可能性が秘められているように思われます。

農業の楽しさ、やり甲斐を後代に伝えていきたい

齋藤さん自身は親の農業をつぐ予定はありませんでしたが、兼業農家で自然とふれあい、自然の良さが分かり農業が楽しいと思い始めた頃に震災、原発事故が発生しました。

その後、親の農業を継ぎ、農業専業になって2年。農業では十分な収入を得られない面もありますが、それ以上に農業をやる喜びがあります。それを後代に伝えていければと思っています。農業をやっている本人がやり甲斐を感じ、楽しんでいる姿を伝えていきたい。ソーラーシェアリングがそのような農業の喜びを引き出してくれました。

齋藤さんのところではあとつぎの問題については今のところ全く未定ですが、子ども達にもそれを理解してもらえれば、あとをついでくれるようになるかもしれないと考えています。

今後の農業経営の方向に関しては、規模拡大は特に考えてはいません。ソーラーシェアリングによる売電収入の支えがあるから今の経営規模でもやっていけると考えています。

注

（1）KTSE合同会社のKTSEは発電所のある川俣町（K）小神・東地内（T）の頭文字と、Safety

Energy のＳＥをとって命名されました（福島インターネット動画放送局きぼうチャンネル「ＫＴＳＥ発電所」より）。

参考文献・資料

「ＫＴＳＥ合同会社３ヶ年事業計画」（２０１５年３月６日　ＫＴＳＥ合同会社　代表社員　齋藤広幸）
「ＫＴＳＥ発電所ソーラーシェアリングについて」（２０１７年１月17日　ＫＴＳＥ合同会社）
「ＫＴＳＥ発電所建設計画」（２０１７年１月19日　ＫＴＳＥ合同会社）
「ＫＴＳＥ発電所仕様（建設済分）」（２０１７年４月８日　ＫＴＳＥ合同会社）
福島インターネット動画放送局　きぼうチャンネル「ＫＴＳＥ発電所」（２０１６年12月９日）
「ニュース解説　田畑一つで発電と農業＝尾中香尚里」（「毎日新聞」２０１７年８月29日）
『EARTH JOURNAL［アースジャーナル］vol. 05 2017 AUTUMN　農業とエネルギー　ソーラーシェアリング入門』REPORT 07「ＫＴＳＥ（福島県川俣町）」

第3章　集落営農でのソーラーシェアリング

1　ソーラーシェアリングの導入で持続的な集落営農をめざす
――福島県白河市　農事組合法人　入方ファーム

全戸参加型の集落営農組織

福島県の南部、白河市の東部中山間地域に位置する総戸数33戸、総農家数29戸の入方集落。農事組合法人入方ファーム（以下、入方ファームないしはファーム）は、入方集落のほとんどの農家が参加する全戸参加型の集落営農組織です。

入方ファームでは「自分たちの集落は、自分たちで守っていこう！」を目標に、水稲の共同育苗、直播栽培、農業機械の共同利用による省力・低コスト栽培、大豆の集団転作とその大豆の加工・販売、女性たちが中心となった稲刈り体験等のグリーンツーリズム、自治会と連携した地域づくりの取り組み等を幅広く進めてきました。

そうした多面的な取り組みの一環としてソーラーシェアリングも導入してきました。集落営農は現在全国で約1万5千、全国の集落の1割以上に存在していますが、集落営農がソーラーシェアリングに取り組んでいるのはごく少数で、入方ファームでのソーラーシェアリングの導入は非常に貴重な事例です。

そこで以下では集落営農としての入方ファームの取り組みを少し詳しくみた上で、入方ファームでのソーラーシェアリングの導入の取り組みとそれが集落営農で果たしている役割等についてみてみることにします。

集落営農としての入方ファームの多面的な取り組み

入方集落では、ライスセンターやコンバイン等の共同利用を進める入方機械利用組合（1981年〜）、大豆の集団転作や六次化に取り組む入方農事研究会（2005年〜）、戸別所得補償制度への加入や経理一元化を図るために設立された入方営農組合（2010年〜）の3つの組織を統合し、一集落一農場を目指して農事組合法人入方ファームが2012年7月に設立されました（**表3－1**）。

入方集落における集落営農に至るこうした取り組みの最初の発端は1976年からの農村基盤総合整備事業の実施です。中山間地域の入方集落は、かっては不整形の田畑が多く、水利も天水を利用した溜池に依存していましたが、この農村基盤総合整備事業で田畑の区画整理、用排水路の改良、農道の改良舗装や溜池の改良等が進められました。それにともないコンバイン等の大型機械の導入や乾燥調整施設の整備が必要になってきました。しかし1ha前後の小規模農家が支配的な中では個別での大型機械の導入は困難でした。そこで集落での粘り強い話し合いが続けられ、「入方機械利用組合」が1981年に設立されました。この機械利用組合は2000年頃には集落内のほとんどの農家が参加する組織へと発展してきました。

さらに大豆の集団転作が取り組まれることになり、そのために2005年には「入方農事研究会」が設立されました。この組織は白河市の「白河市元気集落等応援事業」にも取り組むとともに、白河市から農用地利用改善団体としての認定も受けるよう

表3-1　農事組合法人入方ファームの取り組み経過

1976	農村基盤総合整備事業実施
1981	入方機械利用組合設立 ライスセンターでの刈取り乾燥調整（個別張り込み）
2005	入方農事研究会設立 大豆の集団栽培や六次化
2010	入方集落営農組合設立 個別所得補償制度への加入、経理の一元化
2012	農事組合法人入方ファームの設立
2013	水稲の直播栽培導入
2014	水稲育苗ハウスを活用した新規作目（ミニトマト）の導入 全農式トロ箱養液栽培システム、カラフルトマト
2015	営農型太陽光発電の導入
2016	女性部発足、入方ファームの理事に加わる 農林水産大臣賞受賞「むらづくり部門」

資料：入方ファームの資料による

になりました。また戸別所得補償制度に参加するために２０１０年には「入方集落営農組合」が設立され、経理の一元化も図りました。

こうした経過を経て設立された３つの組織が集落内でそれぞれ活動するようになりましたが、自分たちが高齢化したとき誰が土地や農業を守ってくれるのか、集落の営農の方向性をどうしていくのかについて皆で考えざるをえなくなってきました。そのため集落で毎週のように集まり、ねばり強く話し合いが続けられました。そうした話し合いを経て、集落全戸参加による法人化、一集落一農場化を目指して３つの組織を統合し、農事組合法人入方ファームが設立されました。

入方ファームは構成員24戸、経営面積25・１haで発足しましたが、現在27戸（農家で未加入は２戸のみ）、35 haにまで拡大しています（一部他地域からの借り入れも含む）。さらに水稲の刈り取り、乾燥、調整等の作業受託も近隣、他村も含め15 haにまで広がっています。経営耕地と作業受託をあわせると合計50 haの規模で、この地域では突出した規模です。農地は組合員からの農地も含め総て農地中間管理機構を介在させる形をとっています。

水稲の作付け品種は、２０１７年でコシヒカリ10 ha、秋たわら４ha、県の奨励品種の「天のつぶ」３ha、飼料米10 ha、酒米（五百万石）０・７haという構成です。需要に応じた多収穫品種の普及拡大にも取り組み、飼料米の10ａ当たり収量も12俵を確保しました。

春の育苗作業の負担軽減と作期調整、秋の収穫作業の分散化を図るため２０１３年より水稲の直播栽培も導入しており、その規模は年々拡大しており、2017年には10haにまで拡大しました。

水稲育苗終了後の育苗ハウスを活用した新たな収入確保策として、全農式トロ箱養液栽培システムによるカラフルミニトマトが2014年より新規作目として導入されました。それは夏秋間の新たな収入源となるとともに集落内の女性たちが活躍する場ともなっています。

大豆の集団転作にも力を入れており、入方ファームの設立前は0・7～1ha前後だったのが、設立後は年々拡大し、2017年には4haにまで拡大しています。その転作大豆を用いた味噌や豆菓子の加工・販売、六次化にも取り組んでおり、そこでは女性たちが大きな力を発揮しており、入方ファームの女性部の発足にもつながっています。

入方ファームの設立前は機械の個別所有、個別作業も多かったけれど、入方ファームの設立を機に大型機械は、田植機5条植え、6条植え各1台、コンバイン5条刈り、6条刈り各1台に集約され、入方ファームとしての機械所有、共同作業が飛躍的に進みました。ライスセンターについても個別張り込み方式から集中張り込み方式に切り替えられました。水稲の育苗についてもそれまで個別に行っていた作業が2012年からプール育苗による共同作業に切り替えられました。

こうして基幹作業の共同化を図るとともに、畦畔の草刈り等水田の保全管理作業は組合員全員参加で実施しています。これらの作業には、「人、農地プラン」も活用し、畦畔の草刈りは非農家も含む全戸参加方式で年間3～4回実施し、水源の溜池管理も共同で行っています。入方ファームではこうした活動への参加・出役に対して賃金を支給しています。それは組合員への収益の還元であり、それが組合員の所得増加につながり、営農意欲の向上にも寄与しています。

こうした入方ファームの取り組みは、農業生産面だけでなく、女性たちのパワーを引き出しながらの販売・加工、六次化や、環境美化活動、防災活動、大勢の子ども達を迎えた稲刈り体験などのグリーンツーリズム、地域の伝統行事への参加等多面的で幅広い活動へと発展してきています。

こうして入方ファームは、一集落一農場型の集落営農として地域活動等も含め幅広くその活動を展開しています。さらにそこで注目しておきたいのは、集落営農としての活動のプロセスで、例えば新規作目の導入（カラフルミニトマトの導入）、需要に応じた多収穫品種や新技術の導入（密苗の導入2017年等）、女性部の設置や女性グループの活躍による販売・加工、六次化やグリーンツーリズム、食農教育等絶えず新しい取り組みにチャレンジし、入方ファームの活動を発展させると同時に、経営面での安定化にも気を配り、集落営農としての持続性確保にも努めてきたことです。ソーラーシェアリングの導入もそうした多面的な取り組みの中に位置付けることが出来ます。

ビニールハウスの上での営農型発電

入方ファームでは2014年度にソーラーシェアリングの導入に踏み切りました。「ふくしまからはじめよう　再エネ発電モデル事業（営農継続モデル）」という福島県の2014年度の事業を利用しての導入です。

30ha近くの水稲を栽培し、３棟の大型育苗ハウスを有する入方ファームではハウスの有効活用がかねてからの課題でした。水稲育苗終了後のハウスを利用したミニトマトの栽培もハウスの有効活用の一つでしたが、さらにハウスの上部の利用についても検討が進められました。入方ファームの代表理事の有賀さんは土地改良区の理事も務めていますが、土地改良区では水源の溜池を活用した池の上への太陽光パネルの設置や小水力発電等が検討されたことがありました。その計画は一度は頓挫しましたが、パネルの設置は復活しました。そうしたことにもヒントをえながら育苗ハウスの上へのパネルの設置にいきつきました。有賀さんは喜多方市の大和川ファームとも連絡を取り合い、情報入手に努めてきており、前述の県の事業のことも早めに知ることができました（大和川ファームも同年度に同じ事業を導入）。

入方ファームでは3棟のビニールハウスの上に47・04kWの営農型発電設備を設置し、２０１５年3月から売電を開始しました。４４８枚のパネルをのせ、角度可変型、月に一度ほど手動で角度を調整します。パワコン4台、分電盤1台。単管パイプで設置する営農型発電なら自分達でも設置工事ができますが、ビニールハウスの上に設置するので堅固なものにしなければならず、専門の業者に工事を委託しました（ループ社）。設置工事の資材の調達も業者からＪＡを通す形となりました。事業費は２２７４万円と割高となったのもそのためです。

県の事業を利用したので、県から７００万円の補助を受けることができましたが、残額は自分達で調達しなければなりませんでした。当初はＪＡから借りる予定でしたが、提示された金利は信用保証も含め2・5％でした。しかしＪＡからの借入は中金がノーということでご破算になりました。そこで急遽県と市の職員と一緒に政策金融公庫にいって交渉の結果融資が受けられることになりました。利率は最初の3年間は0・35％、4年目以降は0・85％で15年返済という条件です。ＪＡから断られて結果的には良かったといえます。

ＦＩＴでの買取価格は38・88円／kWh。年間売電収入は約２００万円。公庫への返済額は月々９・５万円なのでメンテナンスの費用を差し引いても年間少なくとも70万円は手元に残る計算となります。

入方ファームの営農の保険としての営農型発電

２０１５年から売電収入が入ってきていますが、入方ファームとしてはそれに一切手をつけていません。営農型発電での収益は、入方ファームの経営が赤字のときの補填、万が一に備えての保険という位置づけです。入方ファームにとっての営農型発電は、売電収入が目的ではなく、営農に対する保険的な位置づけであり、売電収入を活用して農業をふくらませるためのものという考え方です。

なお、農事組合法人が農業以外の事業である「営農型発電」に取り組むには一定の制約があると考えられていますが、入方ファームでは農事組合法人の定款に農業に関する事業と林業に関する事業を織り込み、農業に関する事業には農業に関わる共同利用施設もあげました。ビニールハウスの上に設置した

「営農型発電」設備で発電した電力を施設の電力としても利用するという形にすればパスできました。農事組合法人が「営農型発電」をやることにとくに問題はないという理解です。

営農型発電のための農地の一時転用については、2017年度でちょうど3年目で、更新手続きを済ませたところです。農業委員会には毎年作物状況報告書を提出しなければなりません。パネルの下の栽培品目を変えるのも難しい。継続のための手続きも非常に煩瑣であり、もっと簡素化すべきというのが有賀代表理事の強い要望です。ちなみに有賀さんは農業委員も務め、行政書士の資格ももっていますが、そのような人からもこうした要望がだされていることに留意する必要があります。

入方ファームとしては今のところソーラーシェアリングを拡大する計画はないとのことです。営農型発電はあくまでも保険的な位置づけであり、売電収入を増やすためにソーラーシェアリングを拡大することは考えていないということです。入方ファームの太陽光発電の買取価格は38・88円ですが、FITの買取価格は2017年4月から21円に引き下げられました。この価格でも引き合うようにしていくのは大変ではないかということも、ソーラーシェアリングの拡大に慎重にならざるをえない理由でもあるようです。

今後ソーラーシェアリングを広げていくためには、買取価格21円の段階に対応したやり方の工夫が必要となってきます。5年くらいで利益が出てくるようでないときつい。50kW規模で設置費用が1500万円以下であればひきあうかもしれないが、入方ファームのように2200~3000万円水準であれば厳しいと有賀さんはみています。

パネルの価格は低下しつつあるが、設置工事費をいかに引き下げるかが課題となります。そのためには設置工事を自分たちでやるようにするのも重要になってきます。

定年帰農者が担う集落営農

入方ファームは加入している組合員全戸がⅡ兼農家ですが、ファームの担い手はそのⅡ兼農家の定年帰農者から生まれています。入方ファームが設立された2012年以降毎年2名ほどの定年帰農者が生まれ、現在11名がファームで活躍しています。ファームの役員も代表理事も含めて総て定年帰農者から選ばれています（女性理事は別として）。このように入方ファームは定年帰農者が担っている集落営農ということができるでしょう。ファームでは定年前は補助者・協力者であり、定年後がファームの主役になるという分担関係です。なお入方集落では自治会の方は現役メンバーが主体で、会長は60歳で年齢順で交代する習慣とのことです。自治会とファームとの間で現役世代と定年後世代との興味深い分担関係が成立しているわけです。

定年帰農は今後もずっと続くとみられており、定年帰農者が主体になってファームを運営していくことに不安はないようです。入方集落では農家の長男の場合は他地域に転出することはなく—非農家の場合には転出する人もいますが—、農外で就業しながらも地域内に留まっています。入方集落にはそうした伝統、文化があるのではないかとみています。

このように定年帰農者によって担われている入方ファームは、定年帰農者が今後も継続的に補充される限り集落営農の担い手は再生産されます。それは大規模経営の担い手よりも安定的で持続性が高いとみることができるかもしれません。

ファームに新風を吹き込む女性部

入方ファームを支える上で女性グループ、女性部が果たす役割も見逃せません。入方ファームでは新規作目の導入や販売・加工、六次化の取り組み等で女性グループが重要な役割を果たしてきました。2016年度には入方ファームの中に女性部が新たに立ち上げられ、理事会のメンバーにも女性部から1名加わりました。月1回の理事会に女性が加わることで、良い意味での緊張感も生まれてきました。女性部は月1度集まりそこで話し合ったことを女性理事が理事会に反映させています。女性部では女性理事を筆頭に女性部として何が出来るかを相談しているところです。新しい作物の導入、おくらの栽培が検討されています。男社会であったファームに新風がふきこまれつつあります。

集落営農の持続性確保の二本柱

もう一つ入方ファームの持続性を支えるのはソーラーシェアリングの存在です。入方ファームのソーラーシェアリングは47 kW規模であり、作業受託も含めれば50 haという農業の経営規模に比較して、その比重はそれほど大きくはありません。入方ファームでは営農型発電の売電収入は営農部門に対する保険として位置付けており、売電収入は目的化していません。ファームにとっての経済的安定性確保、財務基盤強化という位置づけです。その限りでは47 kWのソーラーシェアリングはその役割を充分果たしているとみることが出来るでしょう。

このように定年帰農者や女性部の参加による集落営農の担い手の安定的確保と営農型発電による集落営農の財務基盤の強化の二つは、集落営農としての入方ファームの持続性確保の二本柱となっています。「施設園芸と太陽光発電を共存させた永続的な集落営農モデルをめざす先進的な取り組み」です。

入方ファームでは、新たに耕畜連携や農福連携が計画されています。耕畜連携では、2018年から他地区の畜産農家（和牛飼養）との連携に取り組む予定で、入方ファームに豊富にある稲わらや籾殻を畜産農家に利用してもらい、そこの堆肥を入方ファームで利用する計画です。農福連携では入方で養鶏場を設置しようとしている法人と連携し、そこの鶏糞を利用することを検討しています。入方ファームの新しい試みへの挑戦は続きます。

参考文献・資料

『農林水産大臣賞受賞　自分たちの集落は、自分たちで守っていこう!!　しずかに　まじめに　こつこつと　受賞者　農事組合法人入方ファーム』

「農事組合法人入方ファームにおける事業の取り組み概要」「農事組合法人入方ファームの概要」（２０１７年11月13日）

ふくしま再生可能エネルギー事業ネット「営農型発電研修会が11月９日（月）に開催されました」２０１５年12月３日　http://www.fre-net.jp/?p=4697（2017/03/20）

２　集落営農の持続的発展と地域づくりを支えるソーラーシェアリング

――高知県四万十町　（株）サンビレッジ四万十

集落営農によるソーラーシェアリングのもう一つの取り組み事例として高知県高岡郡四万十町の（株）サンビレッジ四万十を取り上げます。（株）サンビレッジ四万十は集落営農としてつとに有名で、農文協『現代農業』等でも取り上げられています（２０１５年7月号、２０１５年11月号）。ここで取り組まれているソーラーシェアリングは９２７・５kWと農家や農家集団が取り組んでいるソーラーシェアリングとしては非常に大規模です。そこにはソーラーシェアリングによって集落営農を経済的に支え、集落営農の持続的発展を図っていこうというソーラーシェアリングに対する大きな期待が込められています。

本節ではそこに注目しながら、（株）サンビレッジ四万十に至る集落営農の発展の経過とソーラーシェアリングと集落営農との関わりについてみていくことにします。

一集落一農場方式の集落営農組織＝ビレッジ影野営農組合

四万十町（旧窪川町）の北東部に位置する旧仁井田村影野地区。その中の影野下集落で（戸数38戸、うち農家17戸）、2001年県下初の一集落一農場方式の集落営農組織、ビレッジ影野営農組合が設立されました（24戸、12ha）。

この地域で集落営農が考えられるようになった契機は、影野地区県営担い手育成基盤整備事業の実施です（1997～1999年）。それをきっかけに基盤整備事業実施5集落で「影野の農業を考える会」がたちあげられ（1999年）、集落営農に向けた話し合いが進められました。意識調査や先進地への視察も行われました。

そうした中で影野下集落で、圃場整備された農地を守る方策として一集落一農場方式の集落営農組織がたちあげられることになりました。集落営農に向けての集落での話し合いが行われ、当時50歳前後の中堅メンバー4人が集落営農に取り組むことを決意しました。当時集落の半分の世帯は後継者のいない女性の世帯や70歳以上の高齢世帯でした。高齢化で担い手不足が見通され、危機感が募る中で、それぞれが役割を分担しながら農地を守っていく仕組みとして選択したのが一集落一農場方式の集落営農です。こうして2001年に集落営農組織、ビレッジ影野営農組合が設立されました。集落のほぼ全戸が参加し、10a当たり1万円を拠出して経営をスタートさせました。

組合員の農地を一括管理、育苗から田植え、刈り取り、出荷まで全作業を共同で行いました。2002年の実績は、水稲5・5ha、転作大豆5ha、女性達による育苗ハウス利用によるナバナ5aで、その他に畦塗り0・6ha、田植え2・5ha、収穫0・5haの作業受託も行いました。組合員に10a当たり1万円＋米一袋の配当も行い、これは現在も続いています。

その後、高齢化により農作業に参加する人が減り、当時の代表理事1人が担う状態になり、作業の遅れが目立ちはじめ、作業参加者、後継者の確保が課題となってきました。雇用を入れ、活動を継続できる体制にするため法人化が検討され、役場に勤務していた（サンビレッジの）現代表取締役が定年退職し、専従者となったのを機に2010年農事組合法人ビレッジ影野が設立されました（**表3—2**）。

法人化を契機とする集落営農の発展：経営の複合化、事業の多角化

法人化を機に影野の集落営農は大きく発展することになります。新規作目の導入・拡大、経営の複合化とそれを担う従業員の雇用とその拡大です。法人化前は水稲と転作大豆が主体でしたが、雨除けピー

マン、露地ショウガが新たに導入され、これらが水稲とならぶ経営の3本柱となりました。

雨除けピーマンの栽培は2011年から開始され、0・3haにまで拡大しています。収穫作業が5月末から11月末までの長期間にわたり、収穫したピーマンの袋詰め作業には臨時雇用の女性たちが多数従事しています。

露地ショウガも2012年から導入され、現在は1・5haにまで拡大され、露地作物の中心作目となっています。露地ショウガの収穫、選別作業も手作業部分が多く、それらは女性や高齢者があたっています。このように雨除けピーマンや露地ショウガ等の新規作目は女性や高齢者の貴重な就労の場となっています。

雨除け野菜や露地ショウガ等の導入・拡大、複合化は集落営農の売上高の大幅な拡大をもた

表 3-2　（株）サンビレッジ四万十の取り組みの経過

1997	影野地区県営担い手育成基盤整備事業実施
1999	「影野の農業を考える会」発足
2001	ビレッジ影野営農組合設立（県下初の一集落一農場方式の集落営農組織） 集落営農ビジョン「こんな郷がたのしいね！」を作成
2010	農事組合法人ビレッジ影野を設立 従業員1名雇用
2011	雨除けピーマンの栽培を開始
2012	露地ショウガの栽培を開始 従業員2人を追加雇用
2013	計画を前倒しして雨除けピーマン、露地ショウガを拡大
2014	事業の多角化を想定して株式会社サンビレッジ四万十に組織変更
2016	ソーラーシェアリング影野第二発電所稼働 従業員3人を追加雇用 「集落活動センター　仁井田のりん家」設立
2017	一般社団法人四万十農産設立 集落営農組織の広域連携を図る

資料：（株）サンビレッジ四万十の資料による

らしました。水稲が主力作目だった法人化前の売上高は７００万円程度にすぎませんでしたが、法人化後の雨除けピーマン、露地ショウガの導入・拡大により、２０１１年度には１千万円を、２０１３年度には２千万を超えるようになり、２０１４年度からはとくに露地ショウガの販売額の大幅増加により４千万円近くまで拡大しました（**図３―１**）。雨除け野菜、露地ショウガの導入・拡大が女性、高齢者の貴重な就労の機会を生み出すとともに、集落営農の売上高を大幅に引き上げる効果をもたらしました。複合化の効果は絶大でした。

法人では今後も農産物の売り上げを増やすために付加価値を高めていきたいと考えています。農産物の80％はそのまま一次品で出荷しますが、20％は予冷庫で貯蔵するなどして付加価

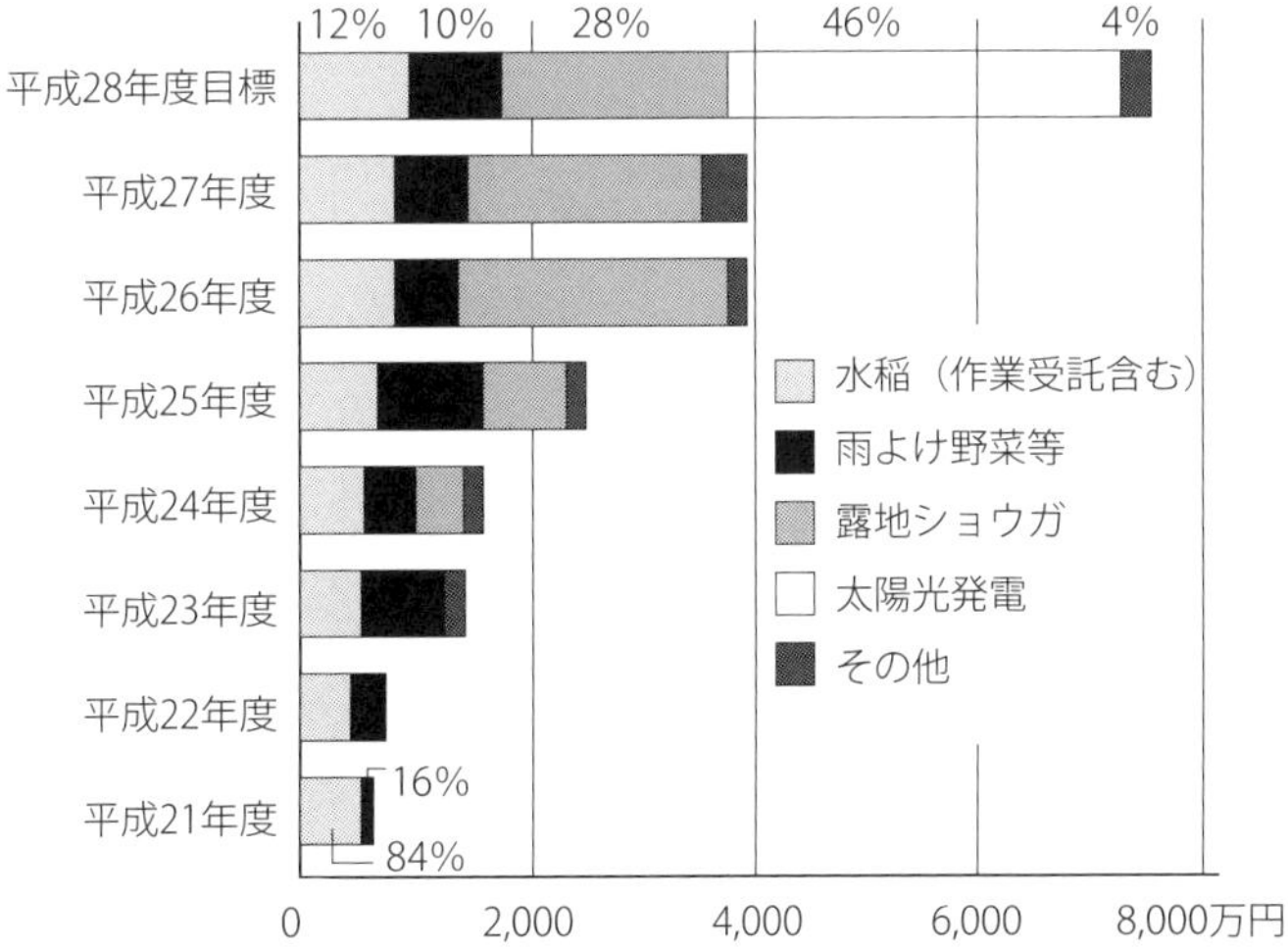

図3-1　（株）サンビレッジ四万十の部門別売上高の推移

資料：（株）サンビレッジ四万十の資料より

値を高めていきたい。そのため来年度事業（2018年度）で加工場の設置も考えられています。

集落営農の次代の担い手の育成

法人化、複合化の成果としてもう一つ注目しておきたいのは、集落営農の次代の担い手の育成を目指して常勤の若手従業員の雇用に踏み切ったことです。農事組合法人ビレッジ影野を設立した2010年にまず一人をハローワークを通じて雇用。給与制を採用するとともに社会保険への加入等の充実も図りました。2012年はさらに2人を雇用し、これには「農の雇用事業」等も活用しました。

こうして地元にUターンした家族持ちの若手3人の雇用が実現しました。売上高700万円程度のときにはとうてい望みえなかったことです。ビレッジ影野ではこうして3人の若手の雇用に踏み切りましたが、複合化で売上高が飛躍的に増加したとはいえ、人件費の確保は容易ではありませんでした。

農業以外の事業で安定した収入が確保できれば集落営農の経営も安定するのではないかと考え、検討を始めたのがソーラーシェアリングの導入でした。代表取締役の浜田好清さんの自宅の屋根に2014年11月に太陽光パネルを設置したこともあり、太陽光発電への関心も高まっていました。

そこでまず農業以外の事業の導入、多角化を図るために農事組合法人の株式会社への組織変更が行われました。農事組合法人ビレッジ影野から（株）サンビレッジ四万十（以下サンビレッジ）への組織変更です（2014年8月）。その上でソーラーシェアリング＝営農型太陽光発電の設置準備が進められました。その経過は後述しますが、このようにソーラーシェアリングの導入＝農業以外の事業収入を確保した上で、それを支えとして常勤の従業員の拡大に踏み切ったことは注目すべき点です（若手の常勤従業員は合計５人に）。ソーラーシェアリングの導入、事業の多角化による集落営農の次代の担い手の育成・確保です。

一大決心でMW規模のソーラーシェアリングに挑戦

このように集落営農としての強固な経営基盤を築くためにサンビレッジでは、株式会社への組織変更を行った上で、ソーラーシェアリングの導入に向けて検討に着手しました。影野集落の農地は前述のように基盤整備をした農地なので太陽光発電の設置はできないと思っていましたが、営農型発電の制度により設置可能であることが分かりました。そこでソーラーシェアリングの情報収集に動き、徳島県でのソーラーシェアリングの見学にも行きました。しかしそこは50～１００kW規模のソーラーシェアリングでした。

サンビレッジとしてはもっと大規模のソーラーシェアリングを考えていました。問題は設置のための資金確保と営農型発電のための農地の一時転用許可の取得でした。設置工事を担当してもらった業者にシミュレーションをしてもらったところ、収入と借入・返済の目処がついたので「一大決心」をしてMW規模のソーラーシェアリングの導入に踏み切ることになりました。

設置費用は2・7億円でしたが、その資金借入をまずJAの信連に相談したところリスクを負いたくないということで残念ながら断られました。そこで次に高知銀行に相談しました。高知銀行としてはこうした農業への融資は初めてのことだったようで、融資にあたっては厳しい審査、資料提出を求められましたが、幸いそれをクリアして融資を受けることが出来るようになりました。

営農型発電のための農地の一時転用の許可取得でも大変苦労をしました。何度も申請書類の訂正を求められ、県庁にも出向き、打ち合わせ、修正を重ねました。サンビレッジでは遮光率70％を想定し、その条件下でも育つ作物ということで、高知大学の宮内先生の協力も得ながらサトイモ、レタス、アシタバ、コンニャク、ショウガ等を選定し、そのためのデータも集めました。その他様々な細かい資料提出を求められ、大変な苦労を重ねましたが、なんとか作成し、県の承認を得ることが出来ました。「申請がなかなか通らずあきらめようかと思ったこともありました。……太陽光発電は一定収入が得られるので何としても承認をいただきたい一心でした」（【高知県四万十町】株式会社サンヴィレッジ四万十　インタビュー）と浜田代表取締役は当時を振り返っています。

こうして大変な苦労を重ねてソーラーシェアリングの設置にこぎ着けました。その概要は以下の通りです（サンビレッジ四万十第二発電所）。

発電出力　927・5kW
年間発電量　102万kWh

敷地面積　97ａ（パネル下部農地面積80ａ）
太陽光モジュール　265Ｗ×3500枚
パワコン　500kWＶＡ　2台
発電開始日　2016年4月5日
太陽光パネルの下の農地では現在日陰でも育ちやすいレタス、コンニャク芋、サトイモ、ショウガ等の野菜を栽培しています。

サンビレッジでは買取価格36円でＦＩＴの認定を得ました。32円に引き下げられる直前での認定でした。年間発電量102万kWhであれば年間売電収入は3700万円弱で、これは20年間継続します。小規模な集落営農にとっては、非常に大きく、かつ安定した収入です。

なお、サンビレッジは当初もう一つの太陽光発電所（第一発電所）の設置も計画し、認定も得ていました。しかし銀行の方から2つの発電所への投資は難しいという意向が示され、もう一つの発電所の設置は諦めざるを得ませんでした。そのため第一発電所は地元の林業事業者に土地を貸し、そこが事業主体となって設置し、サンビレッジはその土地の地代を受け取るという形となりました。第一発電所も既に稼働しています（500kW）。

集落営農の経営基盤を安定化させるソーラーシェアリング

こうして実現したサンビレッジの営農型太陽光発電はMWに近い大規模発電であり、年間３７００万円近い売電収入を継続して得ることが出来るようになりました。それは集落営農の経営基盤を強化し、次代の担い手、後継者の育成と地元での雇用、就業機会の確保、地域の活性化に大きく貢献しうるものです。

前述のように露地ショウガや雨除けピーマンの導入・拡大で２０１４、15年度には４０００万円近くにまで増加した売上高は、２０１６年度にはソーラーシェアリングの導入によってさらに７０００万円を超えるまでに増加しました（前掲図３―１参照）。

売上高の部門別割合をみてみると、ソーラーシェアリングによる売電収入の割合は全体の46％を占めるまでになっています。ソーラーシェアリングがサンビレッジの経営にとっていかに大きな比重を占めているかをうかがうことが出来ます。法人化後の複合化はリスク分散と同時に後継者の周年雇用が可能となるような売上高の確保をめざすものでしたが、ソーラーシェアリングの導入はその方向を確かなものとするのに貢献しています。

集落営農の広域連携、地域づくりとそれを支えるソーラーシェアリング

サンビレッジはこれまでみてきたように集落営農としての持続的発展にむけて着実にその歩みを進め

てきました。サンビレッジはまた、それだけにとどまらず、より広く地域づくりや地域経済の活性化にも力を注いでいます。「法人だけが発展していくのではなく、集落内の農家・非農家が『ここに住んで良かったと思える集落づくり』により、魅力ある地域へ発展する中で、法人も発展していきたい」（株）サンビレッジのビジョン）という考え方からです。

このことに関連して地域の農地管理と集落営農の役割についてサンビレッジの代表取締役の浜田好清さんの考え方を紹介しておきます。土地を個々でいつまでも管理するのは困難になるだろう。土地は家についているもの、個々の家で管理するものという考え方ではなく、地域として集落営農、法人等が管理するという考え方が必要になってくるのではないか。そのために土地の管理を担ってくれる人の育成を時間をかけてでも進めていくことが必要ではないか。そのための仕組み、その形、運営ができてくればやれるのではないか。その基礎をつくるのがソーラーシェアリングではないか。浜田さんはそのように語ってくれました。

小学校区としての影野地区には9つの集落が存在します。高齢者が頑張って農業を支えていますが、5年先、10年先はどうする、となると見通しが立たないところがほとんどです。耕作できない農地が年々増え、町やJAが出資する支援センターがそれらを引き受けるのも限界にきている状態です。中山間地域等直接支払制度の協定集落ということもあり、集落ごとに営農組織（任意組合）も存在しますが、ほとんどが機械を購入するための組織で、多くは今後の見通しが厳しい状況です。

そこでサンビレッジは集落営農の広域連携を図るために何度も他集落をまわって広域連携に向けた働きかけを行ってきました。その結果設立されたのが一般社団法人四万十農産です（2017年4月）。集落営農の広域連携組織です。ここには影野地区9集落のうちサンビレッジも含め4つの集落営農が参加しました。この（一社）四万十農産は地域経営の守り手として、農業機械・施設の共同利用、農作業受託を主に担当し、中山間直接支払事務等も担当しています。

高知県では「集落活動センターを核とした集落維持の仕組みづくり」を推進しています。「集落活動センター」とは地域住民が主体となって旧小学校や集会所などを拠点にそれぞれの地域の課題やニーズに応じて生活、福祉、産業、防災といった様々な活動に総合的に取り組む仕組みとされています。県内で既に40近くの集落活動センターが立ち上げられていますが、影野地区を含む明治合併村の旧仁井田村でも、仁井田地域の将来のあり方や地域全体の課題を考えていく場として「仁井田未来会議」がたちあげられ、その実行組織として「集落活動センター仁井田のりん家」が設立されました（2016年3月）。「仁井田のりん家」では「地域の台所部会」（特産品づくり、地域の食サポート）、「観光・交流部会」、「生活福祉支援部会」（宅老・配食事業）、「地域安心防災部会」、「農業支援部会」の5つの部会が設けられています（図3―2）。

このうち農業支援部会に関しては影野地区が中心となり、（一社）四万十農産とサンビレッジが中心的な役割を果たすことが期待されています。影野地区では地域づくりの取り組みの一環として、地域農業の守り手確保（守る展開）と農業経営と担い手確保（稼ぐ展開）を二つの柱とする影野地区農業振興構想がたてられています。（一社）四万十農産とサンビレッジが連携してそれにあたっていくことになります。地域農業を通しての永続する地域づくりであり、農業が活性化すれば生活も活性化するという期待です。

　こうしてサンビレッジでは集落営農の発展から集落営農の広域連携、地域づく

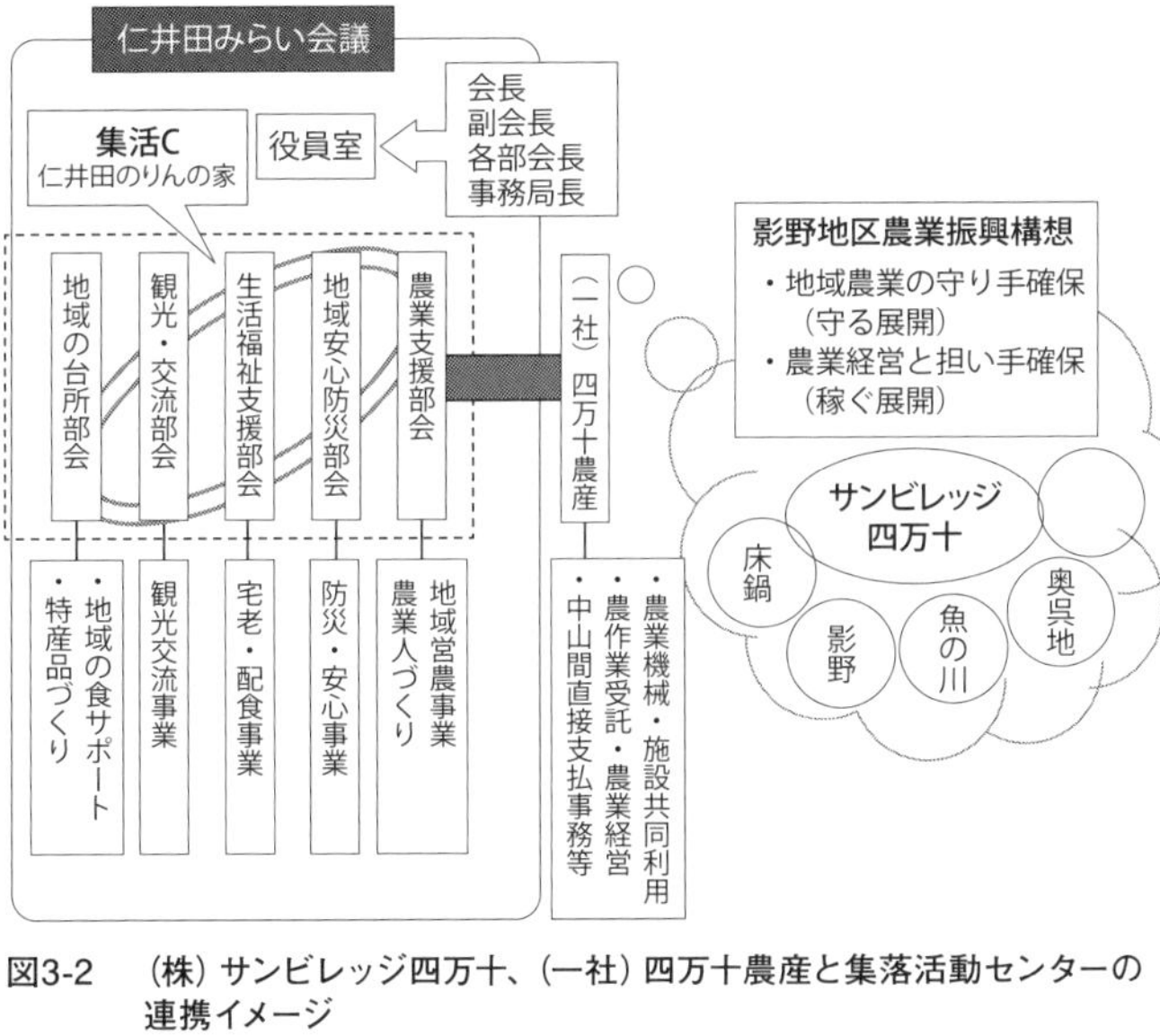

図3-2　（株）サンビレッジ四万十、（一社）四万十農産と集落活動センターの連携イメージ

資料：（株）サンビレッジ四万十の資料より。
注：法人と集落活動センターの役割。
①みらい会議は、仁井田地域の将来のあり方や地域全体の課題を継続的に考えて行く場。
②それらを具体的に実践する組織として「集落活動センター仁井田のりん家」が存在。
③りん家の各部会は、年間、中期の活動を確認し合い、部会活動として地域活動を先導。
④四万十農産は、地域農業を通して永続できる地域づくりを展開。
⑤サンビレッジ四万十は、担い手を育てる農業経営の展開。

りの取り組みへとその活動を広げてきています。地域づくり、地域貢献へと発展する集落営農です。そしてそれを経済的に支えているのが基幹作目の充実と大規模なソーラーシェアリング、営農型発電事業です。

集落営農の段階的発展と地域貢献

サンビレッジはMW規模の大規模営農型発電にチャレンジしました。それは、農業を守り発展させるためのチャレンジであり、集落営農であればこそ可能な、集落営農を持続させるためのチャレンジでした。

そこに至る過程を振り返れば、10年ほどの任意組合の集落営農（「ビレッジ影野営農組合」）の期間を経て、法人化、農事組合法人の設立（「農事組合法人ビレッジ影野」）が大きな跳躍台となり、雨除けピーマンや露地ショウガ等の集約作物の導入・拡大を通じての集落営農として売上の大幅な拡大と、それを集落営農の次代の担い手の育成・確保につなげるための若手の雇用、さらにその方向を確実なものにするための株式会社への組織変更を経ての大規模営農型発電へのチャレンジという段階的発展を経て現在に至っています。

サンビレッジではそうした取り組みを集落営農の枠だけにとどめずに地域づくり、地域貢献へとその取り組みを広げてきています。集落営農の発展が集落営農だけにとどまらず、その成果をより広く地域に還元し、地域の発展、活性化につなげています。そしてソーラーシェアリングがそれを経済的に下支えしています。

参考文献・資料

高知県四万十町（株）サンビレッジ四万十　浜田好清「高知県第1号の法人化　村の将来ビジョンが次々に実現、これからは福祉も発電も」（『現代農業』２０１５年7月号）
高知県四万十町（株）サンビレッジ四万十「若者3人を雇用、年配者は「出来高給」で生涯現役　労賃の支払い方式でやる気アップ」（『現代農業』２０１５年11月号）
「郷里どりーむを求めて」（ビレッジ影野営農組合）
「（株）サンビレッジ四万十のビジョン」（２０１６年12月作成）
「高知県初の集落営農法人　経営多角化で地域・文化を守る・・・（株）サンビレッジ四万十」
「株式会社サンビレッジ四万十」http://village-kageno.jp/（2017/09/06）
【高知県四万十町】株式会社サンビレッジ四万十　インタビュー「太陽光発電と農業の多角経営で地域の未来を豊かに！」　http://works.miyajidenki.com/interview/sunvillageshimanto.html（2017/09/04）
仁井田集落活動センター「仁井田のりん家」：センター紹介　えいとここうち　http://www.eitoko.jp/center/dtl.php?ID=2020（2017/12/05）

第4章　地域での連携によって広がるソーラーシェアリング

1　農家が連携し地域でソーラーシェアリングを広める
――兵庫県宝塚市西谷ソーラーシェアリング協会

西谷ソーラーシェアリング協会の立ち上げ

兵庫県宝塚市の北部山間地、六甲山系の東の山々、長尾山で宝塚市南部の市街地と区切られた細長い盆地の旧西谷村（以下西谷地区）。明治の合併村で、昭和の合併で宝塚市に編入されるまでは一つの村をなしてきました。小学校区でもあります。農家の減少はここでも進み、1980年の465戸から2010年に363戸にまで減少しました。

そのような西谷地区でここ3年ほどの間にソーラーシェアリングが相次いで設置され、大きな注目を浴びています。発端は、古家義高さんが、宝塚市で市民共同発電に取り組んでいる非営利型株式会社宝塚すみれ発電の代表取締役の井上保子さんからソーラーシェアリングを勧められたことです。井上さんと古家さんは原発問題等の市民運動の関係でかねてからの知り合いでもありました。

そうした誘いを受け、古家さん達は早速取り組みを開始し、1号基（２０１５年8月22日）、2号基（２０１５年12月11日）、3号基（２０１５年12月22日）と西谷地区で相次いでソーラーシェアリングが設置されました。それと前後してソーラーシェアリングに取り組んだ2人のメンバーによって西谷ソーラーシェアリング協会も立ち上げられました（２０１５年12月11日）。

その一人の古家さんは音楽関係の活動に取り組みながら西谷地区大原野に70ａの農地を持つ兼業農家であり、もう一人の西田さんも大原野で家業の大工に従事する傍ら90ａ程の農地を持つ兼業農家です。

西谷地区で着々と広がるソーラーシェアリング

西谷地区でのソーラーシェアリングの設置は西谷ソーラーシェアリング協会の設立とともに着々と進みました。**表4―1**にその概要を簡単に示しました。

最初の1号基は古家さんが自らの農地に設置したものです。古家さんは、２０１５年早々からソーラーシェアリングの設置に向けて準備を開始し、２０１５年2月に宝塚市農業委員会に農地の一時転用の許可申請を行いましたが、宝塚市では最初の「営農型発電」の案件だったこともあり、順調には進まず、許可を得るまでに4ヶ月ほどかかりました。ただし1号基に続くその後の「営農型発電」の許可申請は順調に進んだようです。

なお、1号基のパネルの下の農地の耕作者は設置者で地主である古家さんではなく、有機無農薬栽培をめざして農業に取り組み始めていた新規就農者のSさんで、Sさんは古家さんから声をかけられ、パネルの下の10a程の農地の耕作を任されることになりました。Sさんは航空機関係の会社で働く若手の技術者で、農業に関心を持ち始め大原野で3年ほど前から技術者としての仕事の傍ら有機野菜の栽培に取り組み始めていたところでした。Sさんにとってもパネルの下での野菜の栽培は初めてのことで、当初は不安もありましたがパネルの下の野菜は初年度から順調に育ちました。Sさんが作る有機無農薬野菜は消費者から好評を博しており、大丸等の大手百貨店にも納め、Sさん自らが売り場にたつこともあるとのことです。

なお、Sさんは古家さんの農園の後継者として30aほどの農地の耕作を任されることになりました。ソーラーシェアリングのパネルの下の農地は無料で、その他の農地も10a当たり1万円で貸付を受けています。ソーラーシェアリングによって新規就農者が農業の後継者として育って

表4-1　宝塚市西谷地区のソーラーシェアリングの設置概要

	発電事業者	地権者	耕作者	発電出力（kW）	発電開始年	作目	備考
1号基	古家	古家	S	50.7	2015.8.22	無農薬野菜	Sは新規就農者
2号基	西田	西田	西田	37.4	2015.12.11	水稲	
3号基	M	M	M	50.7	2015.12.22	水稲	地域平均反収以上
4号基	すみれ発電	古家	市民農園	46.8	2016.04.22	さつまいも	市民農園
5号基	古家	N	N	51.6	2016.12.01	無農薬野菜	自然農法
6号基	西田	N	N	57	2017.07.03	大豆	

資料：宝塚市西谷ソーラーシェアリング協会HPから

いるという注目すべき事例です。

2号基は古家さんとともに西谷ソーラーシェアリング協会をたちあげた西田均さんが設置者・耕作者となり、2016年度は黒豆大豆を栽培しています。西田さんは、90aほどの農地を耕作する兼業農家ですが、西谷地区の連合自治会の会長を務めるとともに集落営農にも取り組む地域のリーダーです。集落営農では17haの農地を管理するとともに宝塚市の水稲の3分の2ほどをカバーする育苗の受託も行っています。その西田さんが、若者の流出、高齢化が進む地域農業の将来に危機を感じ、「西谷で若者が農業をすることに希望が持てる手本となるようなモデル」をと考え、古家さんとともに西谷ソーラーシェアリング協会を立ちあげ、ソーラーシェアリングに取り組むことになりました（JB press 2016年12月30日）。

もう一つの3号基は、古家さんの実弟のMさんが大原野から少し離れた上佐曽利に設置したもので、耕作者もMさんで、水稲が栽培されています。こうして西谷ソーラーシェアリング協会が立ちあげられた2015年末までに西谷地区で3基のソーラーシェアリングが稼働することになりました。

次いで2016年4月に4号基が設置されました。これは宝塚すみれ発電が事業主体となって設置したもので、パネルの下には市民農園が開設されるという非常にユニークなソーラーシェアリングです。市民農園（KOYOSI農園）の管理・運営は地主の古家さんが行っています。

2016年12月、2017年7月に稼働した5号基と6号基は、古家さんと西田さんがそれぞれ設置者で、西谷ソーラーシェアリング協会にとってはいわば二巡目ともいうべきソーラーシェアリングです。パネルの下の農地の所有者・耕作者はいずれもNさんで、古家さん、西田さんが地区の農家の協力を得るかたちで設置したソーラーシェアリングです。

ソーラーシェアリングの設置費用は4号基は別としていずれも自己資金でまかなわれています。50kW規模であれば設置費用は１７００万円前後とみられていますが、２基を設置すれば３０００～３５００万円の規模になります。古家さんのところではソーラーシェアリングの他に野立て方式での太陽光発電も設置しています（20kW相当）。

メンバー個々での設置から西谷ソーラーシェアリング協会としての設置へ

西谷地区ではこれまで毎年ソーラーシェアリングが設置され、地区内で着実にソーラーシェアリングを広げてきました。今後も毎年継続して設置していきたいと考えていますが、設置の仕方はこれまでのような農家個々が設置者となるやり方から、西谷ソーラーシェアリング協会が設置者となる形にしていくことが検討されています。

そのため西谷ソーラーシェアリング協会が設置主体となれるように２０１８年4月までに任意組合の協会を一般社団法人に組織変更する準備をすすめています。10人以上のメンバーの確保が必要になるため、西谷地区以外からもメンバーを募っているところです。

ソーラーシェアリングの設置のための水田を提供してくれるところが3ヶ所ほど目処がついたので2018年度は3基、少なくとも2基は設置したいと考えています。問題は設置費用の確保です。これについては宝塚すみれ発電の井上さんたちが兵庫県に働きかけて実現した「地域主導型再生可能エネルギー導入促進事業」による再生可能エネルギー発電設備導入のための無利子資金の貸し付け制度の利用が可能となっています。これはNPO法人等の非営利団体を対象とするもので、最長20年間、貸付限度額も現在は3000万円にまで拡大されています（設備導入に必要な経費の80%を上限）。この無利子資金の貸付制度を利用すれば自己資金に乏しい団体でもソーラーシェアリングの設置が可能となります。西谷ソーラーシェアリング協会のような団体にはうってつけの制度です。西谷ソーラーシェアリング協会が一般社団法人への組織変更を行えばこの制度の利用が可能となります。今後は西谷ソーラーシェアリング協会が設置主体となってソーラーシェアリングを設置していく計画です。

こうして西谷地区でのソーラーシェアリングの設置は、これまでの農家個々による設置から、今後は西谷ソーラーシェアリング協会が事業主体となった設置へと、新しい段階に進むことになります。

ソーラーパネルの下の市民農園

ソーラーシェアリングで市民農園が開設された4号基はソーラーシェアリングとしても、市民農園としても極めて珍しい事例です。この4号基の開設者の宝塚すみれ発電の井上さんとパネルの下の市民農園の農園主の古家さんとは旧知の関係で井上さんが古家さんたちにソーラーシェアリングを勧めていたことは前述しましたが、パネルの下に市民農園を開設した4号基はまさに両者の協力・連携の産物といえるものです。

市民農園は900㎡の土地に36区画。利用料は1区画（25㎡）5000円。売電収入の一部を農園利用料割引として市民に還元しています。井上さんは「多くの人に農業とエネルギーに興味を持ってほしいと思って、市民農園という形にしようと決めました」（『農業とエネルギー　ソーラーシェアリング入門』18頁）と語っていますが、その狙い通り、ソーラーシェアリングのもとでの市民農園は、マスコミ等でも取り上げられて多くの人たちの注目を集め、見学者も多く、地域の人たち、市民のソーラーシェアリングへの理解を深めるのに大きな役割を果たしています。

そのこととも関わって特筆すべきは、甲子園大学栄養学部フードデザイン学科との共同研究が実施され、市民農園の2区画を借りて学生達がさつまいもの栽培・加工に取り組んだことです。学生達は収穫した3品種のさつまいもをジャム加工し、それを甲子園大学の学園祭で販売し、完売しました。学生達は市民農園の体験を卒業論文に取りまとめて発表し、次につなげる提案も行っています。大学としても実習と研究の貴重な場が得られ、学生達の意欲を引き出すことにもつながりました。

4号基の建設費1740万円については、井上さんたちが県に働きかけて実現させた「地域主導型再生可能エネルギー導入促進事業」による無利子資金1000万円の貸付を受け、残りは市民出資（50

0万円)、借入金等(240万円)でまかなっています。

またソーラーシェアリング施設に対する固定資産税については、宝塚市条例で災害時に市が利用することを条件とした非常用電源とすることにより、固定資産税の5年間免除を受けています。なお、宝塚市条例による固定資産税の減免措置については西谷地区の他のソーラーシェアリングも同様の減免措置を受けています(1)。

「ソーラーの里　西谷」を目指して

西谷で若者が農業をすることに希望がもてるモデルを作りたいと始めたソーラーシェアリング。ソーラーシェアリングは地域がかかえる問題解決の切り札になります。西谷地区でソーラーシェアリングに取り組む人たちはそのように考え、西谷地区でのソーラーシェアリングの設置を進めてきました。

これまではメンバー個々での設置でしたが、今後は西谷ソーラーシェアリング協会を法人化して(「一般社団法人」)、協会自らがソーラーシェアリングの設置・運営を手がけながら普及を図っていく考えです。2018年度は3基の設置が計画されています。

このように西谷地区でソーラーシェアリングを広げていくことで、西谷地区が注目され、テレビ・新聞等でも西谷地区のソーラーシェアリングが取り上げられ、多くの人たちが見学に訪れるようになりました。市民農園としての活用も注目を集め、ソーラーシェアリングの里としての西谷地区の注目度は確実に高まっています。

ソーラーパネルの下で栽培した作物についても、ブランド化を進め、全国に発信していきたいと考えています。新規就農者のSさんが1号基のパネルの下の農地を活用して栽培している有機無農薬野菜は消費者から好評を博し、大丸百貨店にも出荷しています。こうした取り組みをさらに広げ西谷のソーラーパネルのもとでの作物への注目・評価を高めることが今後の課題です。

このように西谷地区のソーラーシェアリングへの注目が大きく高まる中で、地元の人たちの理解と参加をどう広げていくかも今後の課題です。古家さんたちはＦＩＴでの買取価格が21円に低下したもとでも一定の収益が見込めること等を示しながら地元の人たちに訴え、理解・協力を得る活動を進めています。そうした活動をねばり強く進める中からソーラーシェアリングの設置に農地の提供等で協力してくれる人も少しずつ広がってきています。困難ではあってもそうした取り組みが進み、西谷地区が「ソーラーの里」としてさらに前進していくことを期待したいと思います。

注

（1）宝塚市では再生可能エネルギー推進に向けて市民と行政が連携して懇談会や講演会、見学ツアー等の活動に取り組んできており、そうした活動の中で２０１４年度には「宝塚市再生可能エネルギーの利用の推進に関する基本条例」が制定され、10月から施行されました。固定資産税の減免措置もこの条例に定められた地域エネルギー事業者が実施する事業に対して講ずべき支援措置として実施されることになりました。

参考文献・資料

『EARTH JOURNAL［アースジャーナル］vol.05 2017 AUTUMN　農業とエネルギー　ソーラーシェアリング入門』REPORT 01「宝塚すみれ発電（兵庫県宝塚市）」

井上保子「１００％再エネのまちを目指して～地域のエネルギーを最大限に活かす！～」２０１７年９月15日　市民電力連絡会連続講座資料）

「営農型発電の売電収入を活用した市民協働による農地の利用促進」（農林水産省食料産業局）

有坪民雄「銀行に預けるより儲かる？『ソーラーシェアリング』農地で人と作物に優しいソーラー発電が始まる」（JBpress　２０１６年12月30日）http://jbpress.ismedia.jp/articles/-/48810（2017/09/15）

「宝塚・太陽光発電：山間地に広がる『緑の上に碁盤の目』」（『毎日新聞』２０１７年10月７日）

神戸新聞ＮＥＸＴ｜連載特集｜地エネで描く農とエネルギーの地域デザイン　https://www.kobe-np.co.jp/rentoku/rensai/01/201601/0008689989.shtml　（2017/09/16）

「宝塚市小規模事業用太陽光発電設備の確認申請について」宝塚市ＨＰ（2018/02/14）

宝塚市西谷ソーラーシェアリング協会ＨＰ　http://userweb.vc-net.ne.jp/koyosi/solor.html　（2017/09/16, 2017/12/09）

2　福島原発災害からの農業と地域の再生をめざすソーラーシェアリング ――福島県飯舘電力株式会社

までいの村、いいたての村づくり（2）

阿武隈山系北部の丘陵地帯に位置する飯舘村は「までいの村」として知られています。人口約6000人、世帯数約1700世帯、そのうち農家は1000戸弱。肉用牛等の畜産を中心に花き、高冷野菜や水稲等の農業が主体の村でした。

1956年飯曽村と大舘村との合併で成立した村で、旧村間の住民意識の乖離の解消が課題とされてきました。現在20の行政区で構成されています。その飯舘村で、「第3次飯舘村総合計画」（1985年）の策定を通じて村民主体の村づくりが大きく芽生え、「若妻の翼」等も実施され、女性が村づくりで活躍するようになります。「第4次総合計画」（1995年）で村民参加が本格的に定着し、さらに「第5次総合計画―大いなる田舎　までいライフ・いいたて―」（2005年）では4000人もの村民が策定に関わったとされ、「までい」という考え方が計画の柱となり、「までい」は飯舘村のシンボル的な言葉となっていきます。これらの取り組みを通じてボトムアップ型の村づくりが定着していきます。

2011年3月11日東日本大震災、そして東京電力福島第一原発の爆発事故の発生。飯舘村は福島第一原発から30㎞圏の外に位置しているにもかかわらず原発事故による放射能が風によって運ばれ、折からの雨と雪で大量の放射能が飯舘村に降り注ぎました。飯舘村は計画的避難区域に指定され（4月22日）、全村避難を余儀なくされました。

村外に避難した人たちは、それぞれの避難先で長期の避難生活を余儀なくされました。分かれて避難せざるを得なかった家族も多数生じました。飯舘村では除染作業が進められましたが、果たして戻って以前のような生活が出来るのか、営農は再開できるのか、村民の不安は募りました。避難先での生活が長期化する中で、戻りたい人、戻りたくても戻れない人、戻らない人というように村民の意向は複雑に分かれ、分断、対立も生まれました。こうした複雑な事態に対し、飯舘村の復興計画推進委員長もつとめた赤坂憲雄氏は「去るも地獄、行くも地獄。……避難するにせよ留まるにせよ、福島の人々のそれぞれに厳しい選択に敬意を表し、ひたすら寄り添い続けること……見えない対立と分断を超えて、和解のためのプロジェクトを足元から始めなければいけない」と述べています（『世界』2013年1月号）。

飯舘村の復興計画でもまさにそのことが重要となります。全村避難後毎年まとめられてきた『いいたて までいな復興計画』では、戻りたい人、戻りたくても戻れない人、戻らない人それぞれに寄り添う対策を提起してきました。2013年には全行政区での懇談会やワークショップ、アンケート調査等を行い、ボトムアップ型、村民参加型の検討を重ね、「復興計画（第4版）―までいの村に陽はまた昇る」（2014年6月）では、道の駅「までい館」の建設やメガソーラーの設置等を織り込んだ新たな復興拠点エリアの計画策定、復興会社の設立検討、村内復興住宅の整備計画策定等の6つの重点事項を提起しました。2015年6月の「復興計画（第5版）」では、戻る人も戻らない人も、さらには村を応援したい村外の人も一体となってむらづくりを推進する「ネットワーク型の新しいむらづくり」をキーコンセプトとして提起しました。さらに「教育部会」「暮らし部会」「健康・福祉・高齢者部会」「農地保全・営農再開部会」の4つの「村民部会」の設置や、村独自の「までいの村　陽はまた昇る基金」の設置、活用等も打ち出しています。さらに避難解除を目前に控えた2017年3月には「飯舘村営農再開ビジョン」もまとめられました。

メガソーラーが集中する飯舘村

2014年6月にまとめられた「復興計画（第4版）」では、前述のように新たな拠点エリアの整備方針として「再生可能エネルギーによる村づくり」を掲げ、メガソーラーの設置を打ち出しました。こうした復興計画での後押しも受けながら飯舘村では3つの地区でメガソーラーの設置が進められました（表4―2）。

新たな復興拠点エリアとされた深谷地区では県道沿いの2・7haの土地に1・5MWのメガソーラーの建設が2015年8月から進められ、2016年6月に完成、発電を開始しました。この発電所は飯舘村が71％、東芝と毎日映画社があわせて29％を出資した「いいたてまでいな復興株式会社」の特定目的

表 4-2　（株）飯舘電力の取り組み経過及び飯舘村内３メガソーラーの設立経過

	（株）飯舘電力	村内３メガソーラー		
		深谷地区	飯樋地区	松塚地区
2014.6		「いいたてまでいな復興計画（第４版）」とりまとめ。新たな復興拠点エリア（深谷地区）内へのメガソーラー、道の駅等の設置を織り込む		
2014.9	（株）飯舘電力設立			
2014.10			「いいたてまでいな太陽光発電所」建設着工（10MW）	
2015.1	会社設立説明会（村民 32 名新たに出資）			
2015.2	飯舘村伊丹沢発電所竣工			
2015.8		「いいたてまでいな復興株式会社」による 1.5MW のメガソーラー建設着工		「F 飯舘太陽光発電所」（23.37MW）建設着工
2015.10	（株）飯舘電力資本金増強（1,830 万円）			
2016.2	第２期工事３発電所（野立て）竣工			
2016.3			「いいたてまでいな太陽光発電所」完成、発電開始	
2016.6		「いいたてまでいな復興株式会社」によるメガソーラー完成		
2016.8	福島県地域参入型再生可能エネルギー導入支援事業補助金採択（４件）			
2016.9	ソーラーシェアリング第一号発電所竣工			
2016.10	資本金増強（3250 万円、村民 43 名）			
2017.2	ソーラーシェアリング第２～12 号発電所竣工			
2017.7	第４期・５期工事８発電所（野立て）竣工			
2017.8	城南信用金庫からの 1.5 億円の融資決定（全国ご当地エネルギーへの融資支援第１号）			
2017.9				「F 飯舘太陽光発電所」完成・発電開始

資料：（株）飯舘電力の資料および各メガソーラーの報道資料等による

会社（ＳＰＣ）が運営するもので、村が共同出資するメガソーラーです。建設費は約5億4千万円、約5千万円の売電収入の一部を村の基金に積み、発電所の東側に建設される道の駅の運営費等に当てられます。なお、飯舘村の道の駅「までい館」は２０１７年8月にオープンとなり、開館２カ月で来場者10万人を達成しました。

深谷地区に先行する形で飯樋地区に「いいたてまでいな太陽光発電所」の設置工事が２０１４年10月に開始され、２０１６年3月に完成、発電を開始しました。設置面積は約14ha、村有の牧草地だったところで長年使用されず荒れ地になっていたところです。発電所は西サイト（6MW）、東サイト（2・5MW）、北サイト（1・5MW）のそれぞれ1kmほど離れた3つのサイトに分かれ、合計すると10MWという大規模発電所です。この発電所は、飯舘村が４０００万円、東光電気工事が５０００万円を出資して設立した特定目的会社「いいたてまでいな再エネ発電株式会社」が運営するもので、東邦銀行を主幹事とし七十七銀行、大東銀行、福島銀行の4行によるシンジケートローンが組まれ、40・7億円を融資しました。村有地に村が共同出資する10MWという大規模太陽光発電所が村内のメガソーラーの先陣をきる形で設置されたのです。なお、「いいたてまでいな太陽光発電所」では太陽光発電だけでなく、6・4MWの風力発電所も併設する計画となっています。既に認定を受けている10MWの連携枠を活用し、夜間や曇天時等太陽光発電がフル発電していない時には風力発電の電力を投入し、両者が10MWを超えるときは風力発電の出力を抑制することで連携枠を超えないように制御します。そうすることで連携枠に近い発電量を安定して維持しようとするものです（国内初の「再エネクロス発電」）。

さらにもう一つ、23・37㎿というさらに巨大なメガソーラー「F飯舘太陽光発電所」が松塚地区に設置されました（2015年8月着工、2017年9月発電開始）。関根、松塚行政区ではかねてから今後の土地利用について住民主体で検討を重ね、営農再開ゾーンと再生可能エネルギーゾーンへの区分等の検討作業を進めていました。このメガソーラーは、それを受けて、飯舘村の復興整備計画の一つに織り込まれた「松塚地区太陽光発電事業」に基づき建設されたもので、NTTファシリティーズが事業主体となり、松塚地区と契約をかわして建設されました。売電収入の一部は「までいの村　陽はまた昇る基金」に繰り入れられ、村の復興事業に活用されることになっています。面積も約31haと広大で、将来現地で営農を再開することが期待されている土地です。想定発電量は年間約23900㎿hで売電収入も7・5億円にものぼることが予想されています。竣工式については村のHPでも紹介されています。なお、この事業には再生可能エネルギー発電設備等導入促進復興支援補助金（半農半エネモデル等推進事業）が活用されています。

村民主体の飯舘電力株式会社のたちあげ

飯舘村では以上のような10㎿、20数㎿規模のメガソーラーだけでなく、その対極ともいうべき小規模分散型の太陽光発電所の建設も進んでいます。飯舘電力株式会社が取り組む発電事業です。

飯舘電力は、原発事故で宮城県蔵王町に避難を余儀なくされていた小林稔さん達が立ち上げた会社です。小林さんは飯舘村で和牛を飼い、水稲も栽培する農家でした。しかし原発事故で牛と一緒に蔵王町への避難を余儀なくされました。避難先の暮らしの中で、飯舘村の地酒「おこし酒」を思いだし、自分で造ろうと思い立ち、会津地方の喜多方市に水田を借りて酒米「夢の香」を育てました。そこで出会ったのが大和川酒造（喜多方市）の当主であり、原発事故後会津電力株式会社をおこした佐藤彌右衛門さんでした。小林さんは佐藤さんと語り合ううちにエネルギーを作って飯舘村の農業・農地を再生させる飯舘電力の構想が生まれ、仲間らと相談を重ね、有志5人で2014年9月会社を立ち上げました。

原発事故で全村避難を余儀なくされ将来への展望が見えなくなった中で、あらためて将来を見据え、自らの手で地域を次代に引き継いでいくために再生可能エネルギー事業をおこし、その売電収入を生活の支えとし、村の復興に寄与しようという思いからです。長い年月をかけてつくりあげてきた農地は除染で表土がはぎ取られてしまいました。その農地を蘇らせるためには、村に足を運び手を加えてこつこつと肥やしていくしかない。そのためには村で収入を確保する必要があります。そこで行き着いたのが自然エネルギー事業でした。村の復興、農地と農業の再生のための自然エネルギーです。

推されて小林さんが社長に就任しました。会社の設立には、会津電力の佐藤彌右衛門社長やＮＰＯ法人環境エネルギー政策研究所の飯田哲也所長、飯舘村の復興計画にも携わってきた民俗学者の赤坂憲雄氏等も副社長や監査役として加わっています。村内外からの期待の大きさがそこにもあらわれています。

設立の目的にも「村民自ら未来を選択し、行政と手を携え、他所の資本や技術を先にするのではなく、飯舘村の地元資本を先行し、地元や県内の技術を結集して新産業創出と若者の雇用を目標とし」（傍点引用者）とうたわれています。地元優先、村民が主体という飯舘電力の立場が鮮明に示されています。

設立4ヶ月後の2015年1月に会社説明会を開き、新たに村民32名が株主として加わりました。村民参加の電力会社です。同年10月には資本金の増強が図られ（1830万円）、さらにその1年後の2016年10月にも再度の資本金増強が行われました（3250万円、村民43名）。飯舘電力への村民の参加、協力の広がりをうかがうことができます。

なお、飯舘電力に対する村外からの期待、協力も広がっており、村外からの株主募集も行われています。

小規模分散型太陽光発電事業へ

こうして村民主体の電力会社が立ち上げられましたが、その歩みは多難でした。飯舘電力も当初は村内の他の太陽光発電所と同じようにメガソーラーの設置や風力発電の建設を目指しました。地権者7名の同意も取り付けて1・5MWのメガソーラーの設置計画を進めました。その矢先に東北電力が突然自然エネルギーの買取制限、受け入れ枠の上限設定を発表しメガソーラーや風力発電の計画は頓挫しました。村内の他の3つのメガソーラーの建設計画は前述のように着々進められていたのですが・・・。

そこで飯舘電力はやむなく小規模分散型発電所の設置の方向に転換することになりました。もっともそれは、村民主体の発電事業という飯舘電力の本来の立場からすれば妥当な方向の選択だったといえるかもしれません。

小規模な太陽光発電も非農用地であれば設置は比較的スムースに進みます。飯舘電力の太陽光発電所の第1号は伊丹沢太陽光発電所です。これは、飯舘村の協力を得て役場の敷地内の老人ホームの隣に設置されたものです（2015年2月竣工）。その次の太陽光発電所が設置されるのはその1年後のことです（第2期工事、2016年2月3つの発電所竣工）。野立て方式ですが竣工までにかなり長い期間を要したわけです（前掲表4―2参照）。

ソーラーシェアリングによる農地の再生、有効活用

小規模分散型発電事業に転換した飯舘電力では野立て方式だけでなく、ソーラーシェアリングにも取り組み、両者を並行させながら発電事業を進めてきたのが特徴です。ソーラーシェアリングについては現在専務取締役を務めている近藤恵さんが市民エネルギーちば合同会社の東さん（後述）と知り合いだったこともあり、東さんからソーラーシェアリングについて話を聞いたことがきっかけでした。東さ

んには飯舘村まできてもらって説明を聞きました。

原発事故で放射能に汚染された飯舘村の農地は除染作業で表土が剥がされており、作物が安定した収量を確保出来る農地に戻すためには時間がかかることが見込まれます。そこで有効なのはソーラーシェアリングです。農地の一時転用許可を取得してソーラーシェアリングを設置し、売電収入を確保しながら表土を剥がされたパネルの下の農地に作物を作り、徐々に地力を回復していく方法です。

飯舘電力では野立て方式の発電所に遅れながらも、２０１６年9月に第1号のソーラーシェアリングの太陽光発電所を設置しました。さらに続けて11基のソーラーシェアリングを２０１７年2月までに設置しました。いずれも49・５kWの低圧発電所です。こうして飯舘村でソーラーシェアリングが大きく広がることになりました。

ソーラーシェアリング1年目の２０１７年、小林社長はパネルの下の農地で牧草の栽培を開始しました。トラクターでの牧草の刈り取りも小林社長自らが行いました。放射性物質の検査で収穫した牧草の安全性が確認されれば牛に給与することが可能になります。

２０１７年3月に避難指示が解除されたことを受け、小林さんは6月に飯舘村に住宅を新築しました。9月には牛舎の建築も始めます。２０１７年末までに牛４頭を飯舘村に戻すことを考えています（「日本農業新聞」２０１７年9月14日）。ソーラーシェアリングによって農地の保全・活用を進め、牧草栽培を復活させ、営農再開につなげていく考えです。

なお、２０１７年３月に避難指示解除となった飯舘村では水稲についても村内の農家８戸が８・１ha栽培し（事故前の１・２％）、10月に収穫を行いました。７年ぶりの収穫です。全量全袋検査を経てＪＡや道の駅で販売する予定です。来年は17 haに増える見込みとのことです（「福島民報」２０１７年10月28日）。

セカンドステージに入った飯舘電力

２０１７年３月の避難指示解除によって飯舘電力の活動は新しい段階に入りました。２０１７年７月には野立て方式ですが、第４期・第５期工事で８基の発電所が竣工しました。ソーラーシェアリングが12基、野立て方式が12基、合計24基の太陽光発電所が稼働することになりました。発電容量は合計約１２００kWにのぼります。小規模分散型の太陽光発電所で１MWを上回る発電量を実現することになったのです。

飯舘電力は「村民43名からの出資をもとに、来春（２０１８年）までに約50名の地権者から土地を借り、低圧太陽光発電所ばかり50基以上建設」（生活クラブエナジー　自然エネルギー発電所紹介　飯舘電力株式会社　２０１７年11月14日）する予定です。設置工事も会津電力に委託していますが、工事費の節減のために自分達でやれる工事については地権者、出資者たちにも参加、協力してもらいます。村民主体、村民参加の飯舘電力ならではのことです。

小林社長は飯舘電力の会社案内で「発電所を持ちたいという希望者には今まで培ったノウハウで支援（コンサルティング）を行います。土地を役立てて欲しいという希望者には、農地であればソーラーシェアリングという手法で、非農地であれば野立て工法で自然エネルギーを生み出します。……一人でも多くの村民が、色々な形（出資、寄附、土地貸し、施工作業、草刈り保守、イベント参加など）で飯舘電力の経営に参加して頂き、村再興の道を共に歩むことを、役職員一同お待ちしております」（2017年10月）（傍点引用者）と述べていますが、村民主体、村民参加型で発電事業を進めようという飯舘電力の考え方が端的に示されています。

飯舘電力の収支状況については、24基設置した段階ではまだ「売電収入は年間約5000万円前後。……設備費用や人件費などを差し引くと利益はほとんど出ていない」。今後50基に増やしていけば「黒字に転換出来る見込み」としています（「日本農業新聞」2017年9月14日）。

売電収入からの地元への還元としては、地権者への地代、村への納税、村への指定寄附などがあげられています（生活クラブエナジー・2017年11月14日）。このうち村への指定寄附は営農再開者が6年間放置していた農業機械のオーバーホール費用等にあてるもので、営農再開に向けての農家の負担軽減を図るための措置です。なお、地権者への地代については、村内の各地に広がる山積みのフレコンパックの仮置き場になっている土地の地代が10ａ当たり17万円なのでその見合いでかなり高額になるとのことです。

発電した電力については東北電力だけでなく、生協系の新電力、パルシステムでんきと生活クラブエナジーにも各1基分販売しています。

ところで、飯舘電力が目標としている50基の発電所の実現にとって最大の問題となるのは設置費用の確保です。この点については、これまでも「福島県地域参入型再生可能エネルギー導入支援事業補助金」等の活用もありますが（2016年8月4件採択、太陽光発電については1件あたり1・92万円／kWを上限に補助対象経費の10分の1補助）、とくに注目すべきは全国ご当地エネルギーへの融資支援の第1号として城南信用金庫から飯舘電力が計画する総出力495kW（低圧10カ所の合計）の太陽光発電事業に対して約1・5億円の融資が決定したことです（2017年8月）。これはNPO法人環境エネルギー政策研究所（ISEP）と（一社）全国ご当地エネルギー協会と城南信用金庫との協働開発モデルとして進められるもので、今回はその第1号にあたります。飯舘電力の発電事業が地域主導、市民主導の自然エネルギー事業のモデルとなるものであることが認められたものと評価することができるでしょう。

この融資決定は飯舘電力にとっては非常に心強い支援となるものであり、これによって50基設置という目標に向かって大きく前進することになります。

ソーラーシェアリングを支えとして農業と地域の再生へ

飯舘村の避難指示は一部の地域（長泥地区）を除き2017年3月に解除になりましたが、それから半年が経過した2017年10月1日時点で村内居住者は268世帯、515人となりました。これはしかし原発事故前の約8％に過ぎず、5400名は依然として村外に避難したままです。営農を再開した人も、前述のように水稲を作り始めた人（8戸）や小林さんのように飯舘村に戻り和牛の飼育を再開しようとしている人もいますが、その数はまだ僅かです。

小林さんはこうした現実を見据えながら「村が避難解除になり、半年が過ぎて尚将来への展望が見えない中飯舘電力は太陽光発電による売電収入と共に、ソーラーシェアリングによる農地の有効利用、そこで生産する牧草は飯舘牛復活への第1歩となります」と会社案内でのあいさつで述べています（2017年10月）。同じ思いを「日本農業新聞」（2017年9月14日）でも「太陽光発電によって農地を保全してきた。避難解除によってやっと新しい段階に進める。地域の畜産復活と新たな収入源を生み出し、帰村を促すきっかけとしたい」と述べています。

ソーラーシェアリングによる売電収入を支えとしながら農地の有効活用を図り、地域の農業、畜産の復活に向けての歩みを進めていく。近藤専務取締役も語っているように「作物を作れないから電気を作る（ソーラーシェアリング）」から「電気を作っているから作物を作る」へと飯舘電力はその歩みを前に進めています。道のりは多難ですが、飯舘電力と村民の皆さんがその困難な歩みを少しずつでも進めていくことを願うばかりです(3)。

注

(2)飯舘村の村づくりについては守友裕一氏の諸論稿を参考にしました。

(3)飯舘電力については「市民・地域共同発電所全国フォーラム2017」(福島市)における近藤恵飯舘電力専務取締役の分科会報告および飯舘村の現地見学における近藤専務取締役の説明と提供資料に多くを負っています。

参考文献・資料

守友裕一「農からの地域再生―福島の奇跡と住民活動の軌跡―」(『住民と自治』2018年3月号)
守友裕一「営農再開と地域再生―福島県飯舘村における村と村民の対応―」(『農村計画学会誌』Vol.34 No.4,2016年3月)
守友裕一・大谷尚之、神代英昭編著『福島　農からの日本再生』(農文協、2014年3月)
赤坂憲雄「やがて、福島がはじまりの土地になる」(岩波書店『世界』2013年1月号)
飯舘村『いいたて　までいな復興計画(第4版)―までいの村に陽はまた昇る―』(2014年6月20日)
飯舘村『いいたて　までいな復興計画(第5版)―ネットワーク型の新しいむらづくり―』(2015年6

月17日）
「飯舘電力の挑戦　までいの村で再生エネ」（「東京新聞」２０１６年11月29日）
「福島とエネルギー第3部　地産地消再び　作物ができないなら」（「朝日新聞」２０１６年5月3日）
「東北点景　それから　飯舘電力社長小林稔さん　いつか東京に電気を送る」（「産経新聞」２０１６年8月31日）
小林稔「再生エネ推進へ自ら動く」（「毎日新聞」オピニオン欄　２０１６年5月31日）
飯舘電力・会社案内（２０１７年10月）
飯舘電力ＨＰ　http://iitatepower.jp　(2017/06/07　2018/01/25)
福島インターネット動画放送局　きぼうチャンネル「飯舘のあした」（２０１６年1月22日）http://kibou-ch.com/category/movie-all/iidate-tomorrow/　、「素人5人で立ち上げた飯舘電力」（２０１７年2月13日）http://kibou-ch.com/2017/02/13/ (2018/01/18)
飯舘電力株式会社／生活クラブエナジー　http://scenergy.co.jp/info/891.html (2018/01/23)
飯舘電力の設立／福島県相馬郡飯舘村　http://localnippon.muji.com/news/1550/ (2018/01/18)
F飯舘太陽光発電所の竣工式（10月24日）飯舘村ホームページ　http://www.vill.iitate.fukushima.jp/site/photonews/2891.html (2018/01/23)
メガソーラービジネス　太陽光に風力を〝合体〟、飯舘村の「再エネクロス発電所」（２０１７年12月12日）

http://techon.nikkeibp.co.jp/atcl/feature/15/302960/121100119/?st=（2018/01/23）
いいたてまでいな風力発電計画始動／東光電気工事株式会社　http://www.tokodenko.co.jp/news/1474（2018/01/25）
全国ご当地エネルギーへの融資支援第1号　飯舘電力太陽光発電事業への融資決定について（２０１７年8月7日）　http://www.isep.or.jp/archives/info/10439（2018/01/23）

3　市民エネルギー組織と農家との連携で広がるソーラーシェアリング
――千葉県匝瑳市飯塚

耕作放棄地がソーラーシェアリングの一大拠点に

今、千葉県匝瑳市飯塚でのソーラーシェアリングが大きな注目を浴びています。耕作放棄地が広がっていた飯塚の台地にソーラーシェアリングとしては希なメガソーラー「匝瑳メガソーラーシェアリング第一発電所」（以下「匝瑳メガ」）が設置され（２０１７年３月27日通電開始）、４月に行われた落成式には事業関係者だけでなく、総理大臣経験者が３人も参加してマスコミ等にも大きく取り上げられました。

実はこの飯塚で取り組まれているソーラーシェアリングは匝瑳メガだけではありません。飯塚でのソーラーシェアリングの取り組みを主導してきた市民エネルギーちば合同会社による「市民エネルギーちば匝瑳第一発電所」（30kW）が2014年9月から稼働を開始したのを皮切りに、2016年4月には全国各地でソーラーシェアリングに関するコンサルティングや事業化支援活動を行っている千葉エコ・エネルギー株式会社が市民エネルギーちばと連携しながら49・5kWのソーラーシェアリングを稼働させ、さらにイージーパワーも市民エネルギーちばと組んで50kW規模の二つの発電所を2016年12月と2017年3月に稼働させる等2017年末で既に11基が稼働しており、今後さらに15、16ケ所での設置が計画されています。

このように匝瑳市飯塚は大小多数のソーラーシェアリングが稼働する一大拠点になっています。そしてそれらはいずれも、「農業が主」のソーラーシェアリングであり、自然エネルギーと農業の融合による地域再生をめざすものです。

農村に拠点を構えてソーラーシェアリングに取り組む市民エネルギー組織

匝瑳市飯塚開畑は、今から45年ほど前に県営の農地開発事業によって山林を切り開き農地を造成したところです。しかしそこは土地が痩せていて水はけも悪いため耕作されなくなった土地が次第に増えてきました。地区の約80haの農地のうち4分の1ほどが耕作放棄地になっていました。農地開発事業の工事負担金、賦課金の未納者も増加し、土地改良区（飯塚分区）にとっても重荷になっていました。加えて農家の高齢化、就農者の減少が進み、地域農業、地域の先行きが危ぶまれる状況となってきました。

郵便局に勤務しながら飯塚で農業を営んでいた椿茂雄さんは、こうした状況に危機感をいだき、その打開策を模索していました。早くから自然エネルギーに注目し、自宅の屋根に太陽光パネルを設置するなどしていた椿さんは、退職を機に足を運ぶようになった太陽光発電所ネットワーク（ＰＶ－Ｎｅｔ）の千葉地域交流会を通じて東光弘さんと出会い、ソーラーシェアリングについて知るようになりました。交流会の中で「自分達でも一つずつ市民発電所を作ろう！」という話し合いが続けられ、その後「営農型発電」の制度が設けられるようになったこともあり、椿さんと東さんを中心に、千葉県内の環境関係6団体の9名の有志により、ソーラーシェアリングに特化した市民発電のための法人組織「市民エネルギーちば合同会社」が２０１４年7月に立ち上げられました（**表４－３**）。代表取締役には東さんが、椿さんも代表社員に就任しました。東さんは東京出身で自然食等に取り組んでこられた方です。その他、自然エネルギー、環境関係等で活躍している人たちがメンバーに加わりました。

市民エネルギーちばは、非営利型の合同会社として「利益を出資者で分配しない」ことを定款にうたい、活動で得た利益は自然エネルギーを中心とした環境活動に環流させることにしています。また地域との結びつきを重視し、「コミュニティパワー3原則」にそった活動展開を図るため設立当初千葉市におかれていた本店事務所を活動拠点の匝瑳市飯塚に移していること（２０１５年8月）、農地を借りて農産物の生産・加工・流通にも取り組めるように定款に農業活動の条項を追加したことも（2015年3月）、地域重視、農業重視の姿勢を示すものとして注目すべき点です。

こうして立ち上げられた市民エネルギーちばでは早速ソーラーシェアリング設置にむけての準備に取りかかり、設置候補地として耕作放棄地がひろがる飯塚開畑を選定しました。早くも市民エネルギーちばの設立の2ケ月後にはその開畑で前述した市民エネルギーちば匝瑳第一発電所を稼働させています。市民出資型のこの第一発電所の設置では、出資者がパネルを購入してパネルオーナーとなり、発電事業者にパネルを貸し付けて賃料を受け取るパネルオーナー方式を採用しているのも特記すべき点です。

この第一発電所の設置に続ける形で、2015

表 4-3　市民エネルギーちば合同会社の歩み

2013年12月	ソーラーシェアリングに特化した市民発電のための法人設立準備会発足
2014年7月	市民エネルギーちば合同会社設立（本店千葉市）
9月	市民エネルギーちば匝瑳第一発電所発電開始
10月	市民エネルギーちば匝瑳第一発電所　パネルオーナー募集開始
12月	パネルオーナー完売
2015年3月	定款に農業項目追加　農業生産法人に準ずる法人となり、50aの農地借受 1メガ高圧1案件、50kW低圧10案件の設備認定を取得（FIT 32円）
4月	匝瑳市飯塚に支店・事務所開設
8月	匝瑳支店を本店に登記変更（千葉市事務所は閉鎖）
2016年1月	市民エネルギーちば匝瑳第一発電所増設分発電開始
2月	農業生産法人TLB設立
3月	高圧1案件、50kW低圧10案件の設備認定を取得（FIT 27円）
5月	CSR活動の一環として第16回アースディちば事務局を担当
7月	匝瑳ソーラーシェアリング合同会社設立（資本金2,000万円）
2017年3月	匝瑳メガソーラーシェアリング第一発電所発電開始
4月	落成式
11月	ソーラーシェアリング収穫祭

資料：市民エネルギーちばのHPから

年3月に1メガ高圧1案件、50kW低圧10案件の設備認定も取得しています（さらに2016年3月には高圧1案件、50kW低圧10案件の設備認定も取得）。飯塚をソーラーシェアリングが集中する地区にしていくという構想をそこにみることができます。

匝瑳メガの設置へ

1MW高圧案件については必ずしも実現の現実的な見通しがあったわけではなく、いつかそれに挑戦したいという思いからの設備認定取得でしたが、その後その具体化に向けての動きが進むことになります。地元の人たちの理解が深まり、予定地の8人の地権者も発電所の建設に賛成してくれるようになりました。一番の問題は3億円もの巨額の建設費をどう工面するかという問題でした。地元の金融機関はJAも含め全然相手にしてくれませんでした。そんな中で東さんの紹介で城南信用金庫の吉原毅さんと出会い、相談した結果建設費の融資が受けられることになりました。

こうして飯塚開畑で匝瑳メガの建設に向け事態が大きく動き出すことになりました。事業主体となる「匝瑳ソーラーシェアリング合同会社」が2016年7月市民エネルギーちばによって設立され、椿さんが代表となりました。この発電事業は市民エネルギーちば、千葉エコ・エネルギー株式会社、SBIエナジー株式会社、有限会社en、城南信用金庫の共同事業として進められるもので、事業主体である匝瑳ソーラーシェアリング合同会社に対して城南信用金庫が融資を行い、証券、損保、ネット銀行等を傘下にもつＳＢＩホールディングスが再エネ事業に本格参入するために２０１５年に設置したＳＢＩエナジーが社債を引き受け、環境関連の事業を行っている有限会社ｅｎ、千葉エコ・エネルギーが出資を行う形で参加しました。

設置までの取り組みでは、各地でソーラーシェアリングの事業化支援等を手がけてきている千葉エコ・エネルギーが資材や施工のコーディネートを、飯塚に本店事務所をおき、地元農家も参加する市民エネルギーちばが地域での調整等を分担しながら準備を進めました。その結果、**表４－４**のような発電出力１０００kWという大規模な発電施設が２０１７年3月に完成し、３月27日から発電を開始することになりました。

匝瑳ソーラーシェアリング合同会社の代表でもある椿さんが「この開畑地区にとって、今、ソーラーシェアリングは地域の希望の光になっているんです」（Sola Share　２０１７年6月27日）と述べているように、地域の人たちのこのソーラーシェアリングへの期待は大きい。そうした地元の人たちの強い期待に応える形

表 4-4　匝瑳メガソーラーシェアリング第一発電所の概要

発電出力	1,000kW
発電開始日	2017 年 3 月 27 日
建設費用	約 3 億円
太陽光パネル	110W×10,400 枚
パワコン	25kW×40 台
支柱	1,437 本
予想年間発電量	149 万 kWh
畑の総面積	3.15ha
設備の面積	2.08ha
パネルの面積	0.7ha
遮光率	34.2%
栽培作物	大豆、麦

資料：市民エネルギーちばの資料

で前述の関係団体の協働により匝瑳メガが実現されたといえるでしょう。

ソーラーパネルの下の農業を担うＴＬＢ：新たな農業の担い手組織の誕生

飯塚のソーラーシェアリングの特徴の一つは、ソーラーパネルの下の農地の耕作を担う主体が新たに形成されたことです。ソーラーシェアリング＝「営農型発電」では、パネルの下の農地の耕作が必須要件です。ソーラーシェアリングの発電事業を20年間継続させるとすれば、耕作を担う主体の持続的確保が必要となります。発電事業者と地権者、耕作者が一致している場合には、そのことは取り立てて問題にはなりません。しかし発電事業者と地権者、耕作者が別々の場合にはそれが重要な問題となります。耕作放棄地が広がり、農業の担い手が弱体化してしまった飯塚開畑のようなところでは、ソーラーシェアリングを設置し、広げていくためには地権者とは別にパネルの下の農業を担う主体を新たに生み出すことが必要になります。

20年間耕作を継続させるためには若手に担ってもらわなければなりません。一人では難しいので組織を作る必要があります。そこで椿さんたちが匝瑳市で自然エネルギーに関心をもち有機農業に取り組んでいた若手農業者に声をかけ、発足させたのが農業生産法人ＴＬＢ（Three Little Birds）という合同会社です。佐藤真吾さんと齋藤超さんという2人の若手が代表社員となり、飯塚でずっと農業を続けてきたベテラン農家の寺本幸一さんと椿さんもこれを支援するために加わり、千葉エコ・エネルギー株式会社と市民エネルギーちばが法人として参加しています（Member-Tree Little Birds）。この他に２０１５年に匝瑳市に移住してきた新規就農者のＯさんもメンバーに加わっています。齋藤さんと佐藤さんは実家の方の農業とＴＬＢの方とのかけもちの形ですが、ＯさんにはＴＬＢの方を専業的に担ってもらうことが期待されています。そのためＯさんは現在農業者大学校で研修中で、２０１８年の３月に修了予定です。この他に忙しいときには都会からの移住者にもパートとして働いてもらっています。

こうして飯塚開畑ではＴＬＢという新たな農業の担い手組織が生まれました。その結果、発電事業者、地権者（地主）、耕作者の三者がそれぞれにソーラーシェアリングに関わる、新しい農業の構図が出来上がりました。パネルの下の農地の耕作を専門的に引き受けるＴＬＢという新たな農業の担い手組織が出来たからこそ、匝瑳メガのようなパネルの下の農地が３haを超えるような大規模なソーラーシェアリングの設置が可能になり、その他のソーラーシェアリングの場合もパネルの下の農地の耕作を安心して委託することが可能になったのです。

ＴＬＢが受託しているパネルの下の農地の耕作は現在すでに５ha近くに達しており、今後飯塚でのソーラーシェアリングの拡大にともなって10haほどに拡大すると見込まれています。畑作経営としてもかなり大きな規模の経営となります。そうなれば今のメンバーだけでは労働力が不足し、働き手を増やしていくことが必要になるかもしれません。

パネルの下の農地の耕作に対して、匝瑳メガの場合売電収入から年間２００万円が耕作委託料として支払われています。総面積3・2haで計算すると10a当たり6・25万円の耕作委託料です。他のソーラーシェアリングの場合も、例えば千葉エコ・エネルギーの49・5kWの発電所では13aの下部農地に対して8万円の耕作委託料が支払われています（10a当たり6・15万円）。なお地権者に対しても匝瑳メガの場合地代として年間合計80万円が売電収入から支払われています（10a当たりで約2・5万円）。

ＴＬＢが耕作しているパネルの下の農地では大豆、小麦、ビール麦が栽培されています。「農薬も化成肥料も全く使わず、ＪＡＳ有機認定をとっての栽培」です。味噌加工、麹、ビール等「栽培した大豆や麦を加工して販売」することも目指しています。２０１７年の11月に初収穫した大豆の10a当たり収量は１２０kgほど。「この辺りでは上々」（「日本農業新聞」２０１７年12月24日）とのことです。因みに全国平均では約２００kgです。

参考までに大豆作の費用をみておけば、農水省の農業経営統計調査によれば、２０１６年産で10a当たり費用が5万５８９円、うち物財費が3万９３０２円で費用の78％を占めています。そのうち肥料費と薬剤費があわせて約1万円で、20％を占めています。ＴＬＢでは有機栽培で農薬や化成肥料はつかっていないので、その分が節約される勘定ですが、労働費は高くなることが考えられます。ＪＡ等への出荷だと、「ゲタ対策」を含めても1俵2万円なので10a当たり2俵の収量では4万円の収入にしかなりません。これだと物財費を賄うのがやっとで労働費は賄えず、農薬や化成肥料を使わない分だけが浮いて手取りになる計算です。

加工や直接販売で売上を伸ばすことは重要ですが、それでも農業の収入だけでは経営を成り立たせることは難しい。ＴＬＢの経営が成り立っていくためには売電収入からの「耕作委託料」による補填が不可欠な所以です。売電収入からの補填によってパネルの下の農業が可能となり、パネルの下の農業が成り立つことによって「営農型発電」も継続可能となります。それによってこの地域の農業が成り立つようになり、耕作放棄地の解消も可能となるという構図です。

ソーラーシェアリングの成果の地域への還元：「地域環境基金（仮称）」の創設

図４―１に匝瑳メガの事業スキームを示しました。発電事業の主体となる匝瑳ソーラーシェアリング合同会社の構成やパネルの下の農地の耕作のＴＬＢへの委託や耕作委託料についてはさきに述べましたが、その他とくに注目しておきたいのは、売電収入からの年間２００万円の「地域支援金」の拠出と、その受け皿としての「地域環境基金（仮称）」の創設です。

これはまさにソーラーシェアリングの成果の地域への還元そのものであり、ソーラーシェアリングによる地域振興、活性化支援というメッセージをストレートに示したものといえます。匝瑳メガに呼応する形で、他の50kW未満の発電所からの拠出も検討されています。そうすればこの地域環境基金の拠出は年間３００万円近い規模になると見込まれます。

この地域環境基金の使途については耕作放棄地の再生、地域の環境保全活動、地域の活性化・振興、新規就農者への支援等があげられており、さしあたり初年度は飯塚に大量に不法投棄されてきた廃棄物の処理が予定されています。基金の管理・運営については、地域協議会を設けて当たることが検討されています。この協議会には土地改良区関係者、地権者代表、事業者、ＴＬＢ等の営農者、地域関係者、代表者等を広く糾合することが考えられています。そこからさらに進んで、**図４―２**のような明治合併村である旧豊和村の規模で関係諸団体を糾合した村づくり協議会を設ける構想も生まれてきています。このようにソーラーシェアリングが発端となった地域活性化、地域づくりの構想は大きくふくらんできています。

ちなみに、この地区の歴史をたどれば、１８８９年の町村制施行で、飯塚村等４ケ村が合併して豊和村となり、１９５４年の町村合併まで存続しまし

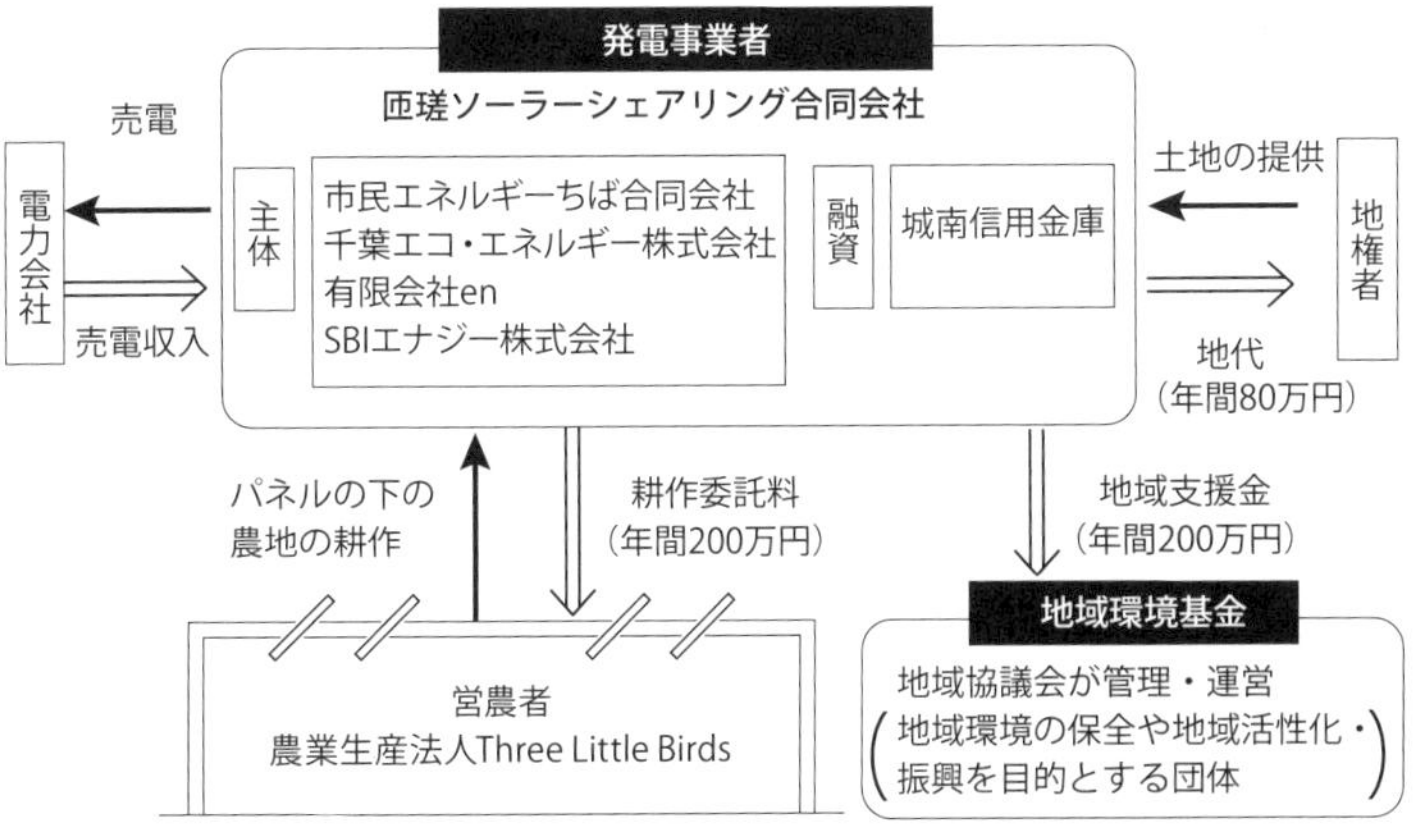

図4-1　匝瑳メガソーラーシェアリング第1発電所（「匝瑳メガ」）の事業スキーム

資料：ソーラーシェアリングシンポジウム（2017.6.27）での権茂雄・馬上丈司報告の図に一部加筆。

た。この豊和村は小学校区でもあり、さきの村づくり協議会の構想もこの規模で考えられています。

ソーラーシェアリングとも関わりながら匝瑳市で広がってきている市民との交流の取り組みや移住・定住の動きについても注目しておきたいと思います。市民エネルギーちばでは本店事務所を匝瑳市飯塚に移し、飯塚を拠点に活動を進めてきていますが、その中で地域の人たちとの様々なつながりも生まれ、ソーラーシェアリングの見学会等をはじめ市民との交流、活動の輪も広がってきています。とくに匝瑳メガが稼働し、多くのメディアでも取り上げられ、匝瑳市のソーラーシェアリングが注目を浴びるようになるとともに、見学会、体験学習会、研修会、イベント等が行われ、そこに多くの市民が参加し、交流の輪が広がっています。

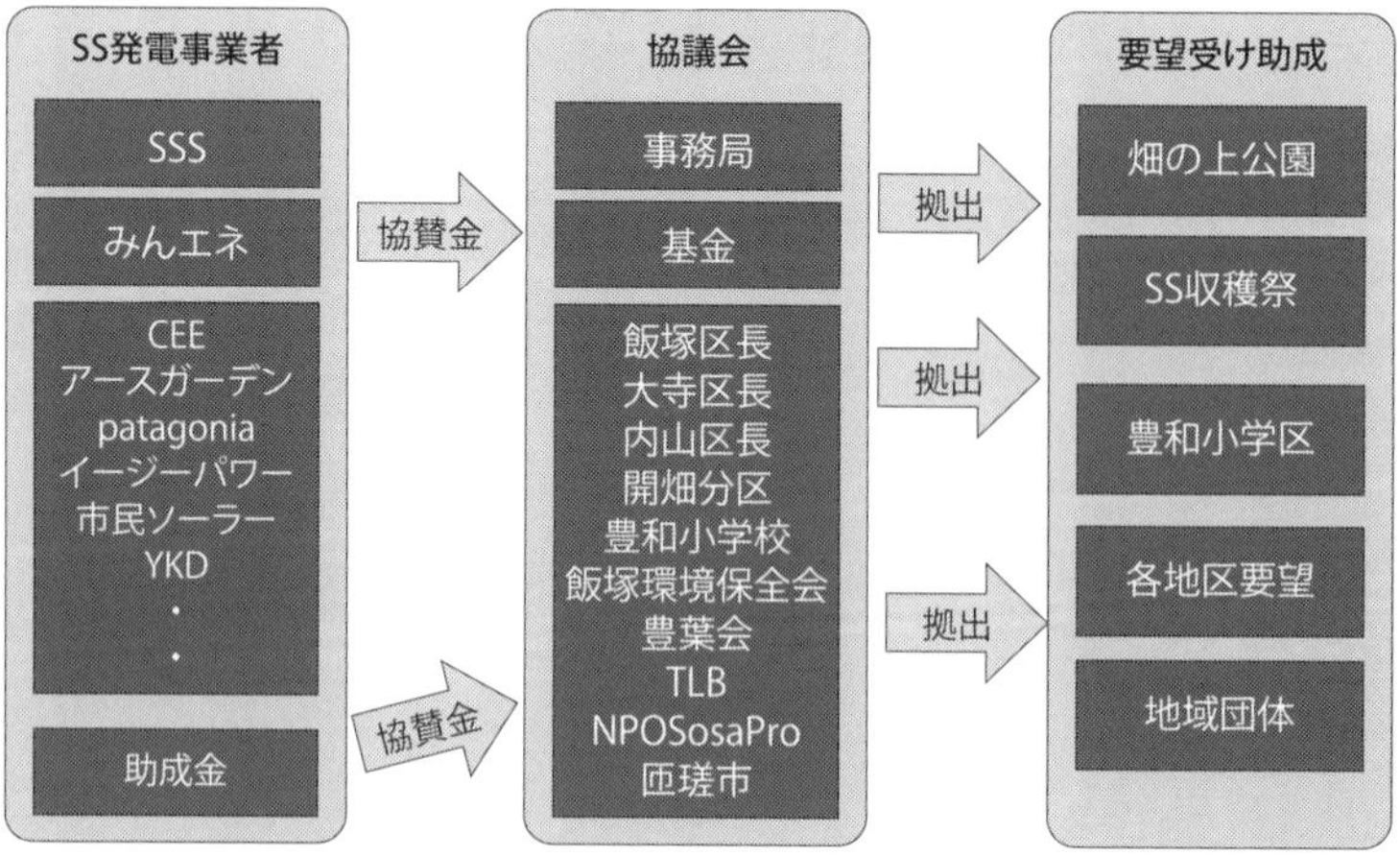

図4-2　豊和22世紀の村つくり協議会

資料：市民エネルギーちば資料より。

ソーラーシェアリング収穫祭

そのなかで特筆すべきは、匝瑳メガを会場に開催されたソーラーシェアリング収穫祭です（２０１７年11月19日）。市民との交流を深め、エネルギーや食の地域自給、農業や地域の再生等ソーラーシェアリングがめざしているものを多くの市民に理解してもらうことを目的に企画されたこのソーラーシェアリング収穫祭では、地元農家の野菜、農産加工品等のテント約20店が立ち並び、地元米の餅つき、芋掘り体験やソーラーシェアリングに関するトークイベントも行われ、約８００人が参加し、賑わいました（「毎日新聞」２０１７年11月21日、「スマート・ジャパン」２０１７年12月８日）。

このソーラーシェアリング収穫祭には、主催団体のソーラーシェアリング収穫祭実行委員会とともに匝瑳ソーラーシェアリング合同会社や市民エネルギーちば等が共催団体となり、ＮＰＯソーサ・プロジェクトや北総東部土地改良区飯塚分区、飯塚開畑環境保全会等が協力団体として名を連ね、さらに千葉県や匝瑳市、匝瑳市教育委員会が後援する等、行政も含む地域の関係機関、団体が幅広く関わっていることも注目されます。それだけ飯塚のソーラーシェアリングが地域に浸透し、期待も強くなっていることがうかがえます。ソーラーシェアリングは「環境や地域のためにも素晴らしい取り組みだと思う。ソーラーシェアリングで作った農作物があったら絶対買いたい」（「スマート・ジャパン」２０１７年12月８日）という参加者の感想にもそのことがあらわれています。

匝瑳市では都市からの移住、定住の流れが広がり、週末農業をめざして都市から匝瑳市にくる人も増えています。そうした移住者達によってＮＰＯソーサ・プロジェクトがたちあげられ（２０１１年５月）、移住者支援の活動等が取り組まれています。その中で市民エネルギーちばとのつながりも生まれ、移住者の中からＴＬＢで働く人も生まれています。市民エネルギーちばが中心になって取り組まれたソーラーシェアリング収穫祭にＮＰＯソーサ・プロジェクトも協力団体として加わりその企画に参加していることや、さきの村づくり協議会の構想でも取り上げられていること等も移住者、定住者への地域の期待が高まっていることのあらわれということができるでしょう。

今後に向けて：ＪＡの対応が一つのカギ

ソーラーシェアリングは農業が主であるべき、地元への愛情があってこそのソーラーシェアリングです。東さんはそう強調しています。それだけに農家自らがソーラーシェアリングに取り組むようになってほしいという期待も強いといえます。

飯塚では地域の人たち、農家がソーラーシェアリングをみて評価してくれるようになってきており、地権者、農家から、パネルの下の農地の耕作はうちでやるので、自分のところにもソーラーシェアリングを設置してほしいという申し込みが出てくるようになっているとのことです。ソーラーシェアリングの設置費用についての資金的裏付けが出来れば、自分でも取り組んでみたいという農家があらわれるかもしれません。

その場合、ＪＡの姿勢、ＪＡがソーラーシェアリングの導入に対してどういう立場をとるかが重要になってきます。現在のところＪＡはソーラーシェアリングに対して消極的ですが、どこかの局面でソーラーシェアリングに対して積極的なＪＡが出てくれれば一気に変わるかもしれない。ソーラーシェアリング、「営農型発電」施設をビニールハウスのような農業用施設として扱うというようになれば、ＪＡとしてもソーラーシェアリングの設置に対して融資がしやすくなるのではないか。いずれにしても農家にソーラーシェアリングを広げていく上ではＪＡの対応、姿勢が重要になってくる。東さんはそのようにみています。

椿さんもソーラーシェアリングを普及させていく上での、とくに「営農型発電」の制度面での問題について指摘しています。「営農型発電」は現在は3年ごとの更新となっていますが、この更新は毎回〝新規申請〟扱いとなっており、更新の保証がないことが金融機関の融資上のリスクになっており、融資が受けにくくなっているという問題があります。農業をまじめにやっているかどうかを厳しくチェックしたうえで、まじめに農業をやっている場合は自動更新という形にすべきです。もう一つは、作物の変更の自由度をもっと高めるべきという点です。とくに畑作の場合は、輪作の必要や販路の面から栽培作物の変更の必要が生じることがあるので、その自由度をもっと認めて欲しいということです。さらにもう一つは、ソーラーシェアリングはその下で農業を行う施設なので、農業用施設として認めて欲しいということです。農業用施設として認めてもらえればＪＡも融資しやすくなり、普及ももっと進むのではないかと考えています。

さらに小規模なソーラーシェアリングであれば、農家が自分たちで単管の架台組み立てをやるのもそれほど難しいことではありません。自分たちで手がけられる手作りのソーラーシェアリングです。自分達で手がければコストも大幅に引き下げることも可能です。是非自分たちで手がけてみてほしい。椿さんはそう述べています（Sola Share　２０１７年6月27日）。

参考文献・資料

神山典士『成功する里山ビジネス　ダウンシフトという選択』（角川新書、２０１７年）

『EARTH JOURNAL［アースジャーナル］vol.05 2017 AUTUMN　農業とエネルギー　ソーラーシェアリング入門』第二特集 BIG PROJECT「匝瑳メガソーラーシェアリング農地創出プロジェクトの全貌」

椿茂雄・馬上丈司「匝瑳メガソーラーシェアリング　新しい形の農業と環境保全・地域の再生」（ソーラーシェアリングシンポジウム（平成29年6月27日）報告資料）

農林水産省食料産業局『農林漁業の健全な発展と調和のとれた再生可能エネルギー発電を行う事例』（平成29年1月（第2版））

宮下朝光「日本初！ソーラーシェアリングでの市民共同発電について」（第7回埼玉市民共同発電フォーラム報告資料　２０１７年2月14日）

「ソーラーシェアリングで地域と農業を再生しよう」（農民運動全国連合会新聞『農民』２０１７年２月６日　第１２４９号）
「自然エネルギーと有機農業の融合による環境型ちいきづくり」市民エネルギーちば
「ＳＢＩエナジー、営農型太陽光発電所が千葉県匝瑳市で稼働開始」（「日経新聞」２０１７年４月３日）
「メガソーラーシェアリング　太陽の恵みに感謝　匝瑳で収穫祭／千葉」（「毎日新聞」地方版、２０１７年11月21日）
「３・２ha最大規模の営農発電　売電収入で雇用創出　千葉県匝瑳市の農家ら合同会社」（「日本農業新聞」２０１７年12月24日）
【インタビュー】匝瑳ソーラーシェアリング合同会社代表椿茂雄氏（上、中、下）（Sola Share　２０１７年6月27日）http://www.sola-share.jp/2866/（2017/10/02）
Member-Three Little Birds　そうさソラシェアファーマーズ千葉県匝瑳市の農家　http://www.tlb-sosa.com/member/（2017/10/02）
市民エネルギーちばＨＰ　https://www.energy-chiba.com/（2017/12/23）
【リポート】ソーラーシェアリングで耕作放棄地を農地に再生「千葉県匝瑳市・飯塚開畑地区」http://www.newenergy-news.com/（2017/10/02）
「耕作放棄地再生、ふたたび営農へ　千葉県匝瑳市でソーラーシェアリングのメガソーラー　運転開始」

http://www.newenergy-news.com/（2017/10/02）
「ソーラーシェアリング収穫祭、開催！　太陽光パネルの下で農作物の収穫を祝う」（「スマートジャパン」２０１７年12月8日）http://www.itmedia.co.jp/smartjapan/articles/1712/07/news008.html（2018/01/01）

第5章　当面する農業・農村問題の中でのソーラーシェアリング

1　中山間地域でのソーラーシェアリングの重要性

第1章でも述べましたが、中山間地域でソーラーシェアリングを広げることが中山間地域の再生にとって非常に重要であることをあらためて強調したいと思います。日本の農村の中でも中山間地域と呼ばれている地域は、土地条件等での条件不利性の問題もあいまって人口減少、高齢化、農業を支える担い手の弱体化がとくに激しく、耕作放棄地も広がり、存続の危機に瀕している集落も少なくありません。

と同時に、そうした状況の中から、地域の再生を図るための地域の人たちによる様々な取り組みも生まれています。Uターンや I ターン等都市からの移住・定住者も生まれ、地域の人たちと一緒に定住のためにいろいろの仕事を創り出しながら地域の再生に取り組む動きも広がっています。

ソーラーシェアリングはそうした取り組みを支援し、地域の再生のための取り組みの拠り所となり得るものです。中山間地域でのソーラーシェアリングは売電収入の支えによって中山間地域の条件不利性をいくらかなりともカバーし、農業振興、地域再生につなげる役割が期待されます。ソーラーシェアリングのそうした役割は中山間地域だけに限られるものではありませんが、条件不利地域である中山間地域ではその役割がとくに重要となります。中山間地域であるが故の条件不利性をカバーするソーラーシェアリングの支えが生きてくるからです。

さきに紹介した事例でも、例えば高知県の中山間地域、四万十町の（株）サンビレッジ四万十ではUターンの若手を従業員として雇用し、集落営農の次代の担い手として育成を図ってきました。そこで人件費の安定的確保が課題となってきましたが、（株）サンビレッジ四万十ではそのために925kWという集落営農ならではの大規模ソーラーシェアリングの導入に踏み切りました。ソーラーシェアリングによって次代を担う若手従業員の安定的雇用を実現し、集落営農の経済的安定、持続性確保を図ったのです。四万十町という高知県の代表的な中山間地域でソーラーシェアリングによってその条件不利性をカバーし、農業と地域の再生に活かしている事例です。

第2～4章で取り上げた事例のほとんどは中山間地域に位置している事例であり、その条件不利性をソーラーシェアリングの導入によってそれぞれの形でカバーしながら農業・地域の再生につなげようとしている事例です。中山間地域では条件不利性をカバーし、農業振興、地域再生につなげるソーラーシェアリングの役割がとくに重要であるといえるでしょう。

2　集落営農でのソーラーシェアリング

以上に述べたこととも重なりますが、集落営農がソーラーシェアリングに取り組む意義について、二つの面からみておきたいと思います。一つは集落営農にとっての意義、集落営農の安定的存続、持続性確保を図る上での意義です。集落営農が安定的に存続していくためには法人化等で組織体としての基礎を固めるとともに経営的な基盤を固めることも重要となります。ソーラーシェアリングによる売電収入の確保は集落営農の経営基盤、財務基盤を固める上で重要な役割を果たすことが期待されます。（株）サンビレッジ四万十の場合の、ソーラーシェアリングが果たしているそうした役割については前述しましたが、福島県白河市の農事組合法人入方ファームの場合も同様です。入方ファームの場合は、ソーラーシェアリングの規模は49・5kWとそれほど大きくはありませんが、ソーラーシェアリングは集落営農の持続性確保のための2本柱の一つとされ、入方ファームの財務基盤の強化を図るものとして位置付けられています。

もう一つは、農山村でソーラーシェアリングを広げていく上での集落営農の役割です。農水省の20

15年集落営農実態調査によれば、集落営農数は全国で14853となっています。全国の農業集落の10%以上で集落営農が組織されているわけです。このように全国に大きく広がる集落営農でソーラーシェアリングに取り組むようになれば、その意義は極めて大きいといえます。

もっとも、これまでのところソーラーシェアリングに取り組む集落営農はまだあまり多くはありません。ソーラーシェアリングの地域別分布をみても前掲**表1―2**のように西日本の中国、北陸等ではソーラーシェアリングはまだあまり多くはありません。日本海側の地域では冬期間の降雪や日照時間の問題もあり、太陽光発電にとっては不利な面もありますが、集落営農が多数組織され、かなり長い歴史を重ねているこれらの地域でこそソーラーシェアリングでも集落営農の役割は大きいのではないでしょうか。ソーラーシェアリングが集落営農の安定的存続、持続性確保に重要な役割を果たしうるとすれば、集落営農が自らの安定的存続、持続性確保のためにソーラーシェアリングの設置、拡大に取り組むことが重要になり、そうすることでまた集落営農がソーラーシェアリングを広めていく担い手にもなり得るのではないでしょうか。

前述の農水省の集落営農実態調査によれば全国の集落営農の約24%、3500余りが法人化されていますが、その多くは農事組合法人と思われます。農事組合法人ではソーラーシェアリングに取り組むには制約がある面もあり、入方ファームの場合は農事組合法人のままでソーラーシェアリングに取り組みましたが、(株)サンビレッジ四万十の場合はソーラーシェアリングに取り組むために農事組合法人から株式会社に組織変更しました。農事組合法人から株式会社等への組織変更はハードルが高いかもしれませんが、（株）サンビレッジ四万十のような集落営農としての持続性確保を図るための、より長期を見据えた対応を期待したいところです。

3　コミュニティ・ビジネスとしてのソーラーシェアリング

第2章～第4章で紹介した事例は、①農家や地域の人たちが事業・活動の主体となり、②地域の資源を活用し、③農業・地域の再生等地域がかかえる課題の解決を目指しており、④ソーラーシェアリングもそうした活動の一環として取り組まれ、それを支える役割を担っています。そうした点に着目するならば、ソーラーシェアリングの事業をコミュニティ・ビジネスとしてとらえることもできるのではないでしょうか。

地域資源の活用としてのソーラーシェアリングは、取り組み方によって地域との関わりや取り組む地域の広がりも様々ですが、農業（営農）がまずベースにあり、発電事業もそのことを基礎として行われるべきもので、その成果は地域にも還元されます。地域がかかえる課題と向き合い、地域がかかえる課題の解決、地域再生をめざす取り組みです。またそうであることで事業もスムースに進めることができます。

集落営農によるソーラーシェアリングはまさにコミュニティが営むビジネスであり、コミュニティがその事業主体となり、その成果もコミュニティに還元されます。ソーラーシェアリングという事業自体もコミュニティのメンバーに開放され、コミュニティと一体化しています。

第4章でみた事例も、大字、旧村や町村の規模でのコミュニティ・ビジネスとしてとらえられます。その中で匝瑳市飯塚の取り組みがとくに注目されるのは、発電事業の事業主体としての市民エネルギー組織と地域の住民組織とが連携しながら、ソーラーシェアリングの成果を地域づくりにつなげる工夫が講じられようとしていることです（「地域環境基金」の創設等）。ソーラーシェアリングは、地域の再生というコミュニティが抱える課題への貢献を目指す事業であり、コミュニティのメンバーが様々な形でそこに関わっています。コミュニティ・ビジネスとしてのソーラーシェアリングです。

なお、ここでのコミュニティ、地域の規模、広がりは一様ではありません。集落—大字（藩政村）—明治合併村という村落の重層性に着目すれば、第3章、第4章で取り上げた事例では、白河市入方ファームは集落の規模、飯舘電力は現在の行政村の規模での取り組みですが、サンビレッジ四万十は四万十町（旧仁井田村）、西谷ソーラーシェアリング協会は宝塚市（旧西谷村）、「匝瑳メガ」等は匝瑳市（旧豊和村）というように、明治合併村の規模での地域づくりが考えられています。これらは昭和の合併で名前が消えた村であり、現在取り組まれている村づくりでは明治合併村の規模でのつながりを再び回復しようとする取り組みとなっていると考えられます。

4　ソーラーシェアリングにおける持続的な耕作主体の確保、新たな農業の担い手組織の形成

地域でのソーラーシェアリングの取り組み方、農家のソーラーシェアリングへの関わり方は多様ですが、発電事業者と地権者、耕作者の関係に着目して大きく分ければ、農家自らが発電事業者となり、地権者、耕作者と発電事業者とが一致する場合（第2章の事例）と、匝瑳市飯塚の場合のように農家とは別の主体、組織が発電事業者となり、発電事業者と地権者、耕作者が別という場合とに分けることができます。集落営農も大きくは前者の方に区分することができます。

ソーラーシェアリング、「営農型発電」の場合にはパネルの下の農地の適正な耕作（地域の平均的な反収の80％以上の収量の確保）が要件となり、その耕作を担う主体をどう確保するかが重要な課題となります。適正な耕作を担う主体が確保されてこその発電事業なのです。しかもその耕作を担う主体は持続的であることが求められます。

農家自らが発電事業者となる場合や集落営農の場合にはそのこと自体はとりたてて問題となることはありません。もっとも、その場合でも長期にわたる担い手の確保の見通しをつけておくことは必要になります。その意味では現在日本農業が直面している農業の担い手確保問題とも重なり、パネルの下の農地の耕作者の確保は日本農業の担い手対策とも関係してきます。

問題となるのは、発電事業者と耕作者が別々の場合、耕作者、地権者とは別の第三者が発電事業を行おうとする場合です。とくに耕作放棄地等耕作者が不在のところでソーラーシェアリングを行おうとする場合は、パネルの下の農地の耕作者を別途確保することが必要になります。

耕作放棄地が広がり、地域の中では耕作者の確保が難しかった匝瑳市飯塚の場合には、ＴＬＢという新たな担い手組織が作られました。匝瑳市の他地区で有機農業に取り組んでいた若手農業者が主体となり、飯塚のベテラン農家もそれを支援するために参加しました。いわば老青連携の新しい担い手組織の誕生です。それに都市から移住した青年が新規就農者として加わりました。このＴＬＢは「匝瑳メガ」だけでなく、飯塚に広がっている市民エネルギー組織による他の50kW未満のソーラーシェアリングの農地の耕作も一手に引き受けており、ＴＬＢの存在によって自らは耕作しない発電事業者もソーラーシェアリングを広げることを可能としています。発電事業者と耕作者＝ＴＬＢとの相互依存の関係でのソーラーシェアリングの広がりです。なお、ＴＬＢの場合、パネルの下の農地の耕作で得る収入だけでは経営は難しく、発電事業者から支払われる「耕作委託料」がＴＬＢの経営を支えています。耕作者が確保できずに耕作放棄地となってしまった農地に対して売電収入の一部から「耕作委託料」を支払うことで耕作者が確保され、耕作者が確保されることでソーラーシェアリングも可能となっています。この面でもソーラーシェアリングにおける発電事業と農業＝営農とはいわば相互依存関係にあるといえます。そしてそこで新たに生まれた耕作者は、都市から移住した新規就農者も加わった新たなタイプの担い手組織です。

なお、発電事業者が地域外から参入して地権者から農地を借り集めてソーラーシェアリングを行う事例も少なからず存在します。耕作放棄地を活用して農地の有効利用につなげている事例もみられますが、問題はそれがどのような目的で取り組まれているソーラーシェアリングか、地域に定着し、地域の振興、活性化にどう貢献しているかです。ソーラーシェアリングは景観や環境の破壊をもたらしているとして地域の住民から強い批判を浴びることも少なくない野立て方式のメガソーラーとは異なるとはいえ、地域外から参入した事業者主導のソーラーシェアリングの場合については、たえずそのことが問われなければならないと思います。そこでは、世界風力エネルギー協会が打ち出した「コミュニティ・パワー3原則」（2011年5月）の考え方（①プロジェクトの利害関係者がプロジェクトの大半、もしくはすべてを所有している、②地域に基礎をおく組織がプロジェクトの意思決定を行う、③社会的・経済的便益の大半が地域に還元される）があらためて想起される必要があるでしょう。

5　小規模農業の存続を支えるソーラーシェアリング

以上のような発電事業者と耕作者、地権者が別々であるソーラーシェアリングの対極にあるのが、第2章でみたような農家みずからが発電事業者となりソーラーシェアリングに取り組んでいるケースです。このケースで注目したいのは、ソーラーシェアリングを導入した農家にとって売電収入が新たな収入部門となり（一種の経営多角化）、そのことによって無理な規模拡大競争を回避でき、小規模経営でも存続が可能になるという効果が期待できることです。小規模農業の存続を支える効果です。

例えば、10数ａ程度の農地に50kW程度のソーラーシェアリングを設置すれば、年間５～６万kWh程度の発電量が見込まれます。ＦＩＴの買取価格が21円（２０１７年４月～）とすれば、年間１００～１３０万円程度の売電収入を見込むことができます。それは水田作では１～１・６ha程度の耕作の収入に匹敵することになります（10ａ当たり８～10万円として）。農業の規模拡大の方向には踏み込まずに、それに匹敵する効果を生み出しながら小規模農業でも存続が可能となる方策です。事例農家の場合でも、小規模でも農業専業でやっているケース（川俣町の農家）、あとつぎへのバトンタッチを無理なく行うことが見込めているケース（筑西市の農家）が確認出来ました。

それは、集落（地域）の農家が共存しながら存続していく方向です。その意味では、地域で農家が取り組むソーラーシェアリングは、最も本質的な農家の存続支援、農業再生の支援というべきかもしれません。

第6章　農村でソーラーシェアリングを広げていく上での課題

農村でソーラーシェアリングに取り組み、広げていく上での、とくに制度面と関わるいくつかの課題について述べておきます。

1　農地の一時転用許可をめぐって

ソーラーシェアリング＝「営農型発電」に取り組もうとする農家、事業者が最初に苦労するのは、「営農型発電」に必要な農地の一時転用許可の取得です。「営農型発電」には農地の一時転用許可の取得が前提だからです。第2～4章で紹介したソーラーシェアリングに取り組んでいる農家や事業者も共通に取得のときの苦労を指摘していました。

農業委員会に提出する一時転用許可の申請書の作成で苦労し、さらに提出後も資料に不備がある等で何度も書き直しを要求されることも多い。とくに申請先の農業委員会で「営農型発電」が初めての案件である場合にその苦労がとくに大きいようです。農業委員会の担当者や県の担当部署においては、農地を完全に非農地に転用してしまう野立て方式の太陽光発電ではなく、農地の有効活用、農地を農地として利用するための「営農型発電」であるという制度の趣旨を積極的にとらえた前向きの対応が望まれます。「営農型発電」に取り組もうとしている農家や事業者が最初の関門のところで厖大なエネルギーを費やして挫折してしまうようなことは避けるべきです。

農業委員会の担当者がこの案件で経験を重ねればスムーズに進むようになるのかもしれません。「営農型発電」が広がっているところでは許可取得にそれほど苦労していないところも生まれているようです。多くの地域がそうなっていくことを期待したいと思います。

早い時期に「営農型発電」を設置したところでは3年を経過し、更新の時期になっているところ、既に更新したところも出ています。この一時転用許可の更新については、匝瑳市飯塚の椿さんも指摘しているように、新規の申請と同じ扱いではなく、パネルの下の農地が正常に耕作されていることが確認されれば、確実に更新されるような扱いにすることが必要です。こうした更新の保証がなければ、金融機関にとっても発電施設の設置への融資がリスクを抱えた案件となってしまいます。そうしたリスクを回避し、発電所建設への融資を得やすくするためにも、正常に耕作していれば更新が保証されるような扱いにしていくことが必要です。

2　設置費用の調達と農協系統に望まれる積極的対応

ソーラーシェアリングを設置したいと考えている農家、事業者にとってもう一つの課題は、設置費用の調達、確保です。設置費用を自己資金でまかなえる場合はそのことは問題にはなりませんが、多くの場合は金融機関からの融資に依存しています。県等からの補助金の交付を受けたり、政策金融公庫から特別に低金利の資金の融資を受けるケースもありますが、多くは信用金庫や地方銀行等の地元金融機関からの融資によっています。個々のケースでみれば融資を受けるまでにそれぞれ大変な苦労をかさねていることが多いようですが、地方金融機関がソーラーシェアリングに対して積極的な姿勢を示すようになってきているところも生まれています。

そうした中でとくに問題となるのは、農協系統の対応、取り組み姿勢です。現状では農協系統はソーラーシェアリングに対しては総じて消極的な対応です。紹介した事例でも、ソーラーシェアリングに取り組もうとして農協に相談にいくが、融資を断られ、やむなく他の金融機関に要請したというケースがほとんどです。ソーラーシェアリングが農家の経営の安定化、農業・地域の再生に貢献するものであることはこれまで縷々述べてきたところです、そのことは農協が目指すところと一致するはずであり、農協の事業とも協調しうるものです。ソーラーシェアリングはまた農協の事業の幅を広げる上でも有益なものです。農協系統がこれまでのソーラーシェアリングに対する消極的な姿勢を転換し、積極的に対応し、ソーラーシェアリングを支援するようになることを期待したいと思います。そのことはソーラーシェアリングを地域で広げていく上で非常に重要であり、またソーラーシェアリングが広がれば農協の事業や経営にとってもプラスになるはずです。

農協がソーラーシェアリングに積極的に対応するようになるためには、ソーラーシェアリングが農業用施設として扱われるようになることが必要であるという指摘もあります。ソーラーシェアリングが農業用施設として扱われるようになることは重要で、そうなれば農協もソーラーシェアリングに融資しやすくなることは確かだと思います。と同時に、ソーラーシェアリングが農業・地域の再生に貢献しうるものであるとすれば、ソーラーシェアリングが農業用施設として扱われていないことを、農協が対応しない理由とするのではなく、農協としてもっと前向きに対応するようになることを期待したいと思います。

3　電力の系統接続をめぐる問題

太陽光発電や風力発電等を新たに設置、拡大しようとしている発電事業者にとって今重大な問題となっているのは、電力会社が送電線の空き容量がないこと等を理由に接続拒否や受け入れ制限、送電線への接続に対して多額の接続費用の負担を要求してくる等の問題です。空き容量ゼロを口実とした太陽光発電等に対する接続拒否の問題は、２０１４年9月の九電による接続拒否（いわゆる〝九電ショック〟）を皮切りに東北電力や北電等各地域に広がっており、ソーラーシェアリング等自然エネルギー事業に取り組もうとしている農家や事業者にとって重大な問題となっています。

筑西市の渡辺さんがソーラーシェアリングの増設計画に対する東電による接続拒否の問題にぶつかっていることは第2章で紹介しました。第4章で紹介した福島県の飯舘電力も、かって2MWの風力発電を計画したことがありましたが、東北電力から空き容量ゼロを理由に変電所と高圧電線の増強費用として20億円余りの負担を求められ、計画を断念せざるを得なかった経緯があります（「しんぶん赤旗」２０１８年2月1日）。

この問題には、空き容量ゼロを理由とした電力会社による系統接続拒否や制限の問題と、送電線への系統接続の費用負担の二つの問題があります。前者の空き容量ゼロの問題は、電力会社が原発等をフル稼働させたときに備えての〝空き容量ゼロ〟であるとみられてきました。この点に関して京都大学大学院の安田陽特任教授は、電力広域的運営推進機関の公開データに基づき、送電線の実際の利用率を検証し、「空き容量ゼロ」と公表された路線の割合が最も高い東北で実潮流でみた送電線の利用率は12％、空き容量ゼロの路線で9・5％に過ぎなかったことを明らかにしました（安田陽「送電線空容量および利用率全国調査速報（その1）、（その2）、京大再生可能エネルギー経済学講座、２０１８年1月26日、

2月1日)。かねてからの疑念があらためて実証されたわけです。原発再稼働や火力発電の増強の枠を確保するための〝空容量ゼロ〟であり、それを口実とする再エネ電力の抑制です。

もう一つの再エネ電力の発電事業者に対する多額の接続費用の要求についても、同じく京大再生可能エネルギー経済学講座がまとめた「送電線容量問題への提言」(2018年1月29日)では、日本ではこれまで「原因者負担の原則」にたち再エネ事業者に再エネの変動対策・系統増強の負担を求め、過度の負担を強いてきたこと、これを欧米のように「受益者(=電力消費者)負担の原則」に転換すべきこと、新規電源の「接続保証」、「再エネの優先接続」を基本ルールにするとともに、接続に要する費用についても原則系統側が負担し、需要者側が広く浅くインフラ利用料金として支払う「一般負担」のルールを導入すべきことを提言しています。

各地で発生している太陽光発電や風力発電等に対する電力会社による接続拒否や多額の接続費用の負担要求問題について、こうした方向にそって電力会社の対応を変えさせていくことが喫緊の課題となっています。

4 買取価格の低下のもとでのソーラーシェアリング

自然エネルギーの発電事業、とくに太陽光発電事業は2012年7月から導入されたFITの固定価格買取制度によって大きく伸びてきました。その買取価格、とくに太陽光発電の買取価格は連年引き下げられ、２０１７年４月には10kW以上の太陽光発電の電力は21円／kWhに引き下げられ、さらに２０１８年４月からは18円／kWhに引き下げられることが予想されています。

こうした買取価格の引き下げは、ソーラーシェアリングも含めて自然エネルギー事業に及ぼす影響が極めて大きいといえます。買取価格によって売電収入が左右され、発電事業の収益性もそれに規定されるからです。ソーラーシェアリングの場合もその例外ではありません。

この買取価格の引き下げを、ソーラーシェアリングを地域で広めていこうとする立場からどう受け止め、それにどう対応していくべきか。難しい問題でありますが、基本的な問題について述べておきたいと思います。

ＦＩＴの買取価格は、現実の発電コストを踏まえて決定されることになっており、買取価格の引き下げも、基本的には発電コストの低下を反映したものとみなければなりません。

自然エネルギーは、世界的にみれば、普及が飛躍的に進む中で発電コストも大きく低下し、自然エネルギーはコストの安い電源という見方が一般的になりつつあります。そうした世界的な流れに対し、日本の自然エネルギーは残念ながら普及と発電コスト引き下げの両面で大きく立ち遅れています。例えば、太陽光発電システムの初期費用についてみると欧州は15・５万円／kWの水準になっているのに対し（２０１４年）、日本は２０１６年でもその約２倍の28・９万円／kWの高さです（第23回調達価格等算定委員会資料）。

こうした立ち遅れの根因には、原発維持、化石エネルギー依存から脱却できない日本の政府、電力業界の問題があることをまず指摘しておかなければなりません。世界的には脱化石エネルギーの流れが加速し、企業の事業運営でも、世界では「ＲＥ１００」等のような１００％再生可能エネルギーでまかなうことを目指す動きが大きな流れになりつつありますが、日本の企業は現状ではそうした流れから大きく取り残されています(1)。

それはともあれ、日本でも太陽光発電のシステム費用を20万円／kW、10万円／kWに低下させていくことが政策目標とされるようになってきており、それに対応してＦＩＴの買取価格もさらに引き下げられていくことになるでしょう。発電事業に取り組む側にとっては、こうした買取価格の引き下げは厳しい問題であることはいうまでもありませんが、それは基本的に発電コストの低下の流れの中での買取価格の引き下げであることを踏まえて、それへの対応を工夫していくことが求められます。

太陽光発電のシステム費用については、日本の場合パネル、パワコン等が費用全体の57％、工事費、架台等が38％とこれらが費用の大部分を占めています。最大の割合を占めているパネル等の価格は世界的な流れをうけて今後引き続き低下していくと思われますが、もう一つ大きな割合を占めている設置工事費についても、紹介した事例のところでも指摘されていたように発電事業に取り組む農家側が自分達で共同してやるようにすればかなり節減することも可能です。農家側が地域で相互に連携して取り組むことがこの面でも重要となり、費用の節減にむけた有効な対策となるのではないでしょうか。

注

（1）世界的には企業の事業運営でも、１００％再生可能エネルギーで行うことを目指す「ＲＥ１００」というプロジェクトが２０１４年に発足し、２０１８年１月時点で世界全体で１２２社が参加するまでに広がり、再生可能エネルギー１００％が企業の事業運営でも世界の主流となっていくことが見込まれています。しかしこの「ＲＥ１００」に加盟している日本の企業は現在のところ僅か３社だけで、日本はこの面でも世界の流れから大きく取り残されています。

コラボ」(伊)、「発電と農業を同じ場所で行う『デュアルユース』」(米)、「太陽光発電をベースにした灌漑システム」(印)等、それぞれの国の事例の特徴が興味深く紹介されています。ソーラーシェアリングでの太陽光発電施設の設置の仕方は国によって様々なようですが、農業と太陽光発電のコラボ、デュアルユースという面では共通しています。日本の場合は農地法による転用規制があるが故の「営農型発電」、ソーラーシェアリングという面が少なくありませんが、必ずしもそうした転用規制がない国々で、野立て方式ではなく、農業と太陽光発電とのコラボ、デュアルユースとしてソーラーシェアリングが行われていることは、ソーラーシェアリングの意味を考える上でも重要な点と思われます。

注

(1)中国ではイチゴ・上海ガニも！　営農型ソーラーで育てる(SOLAR JOURNAL 2016/10/27)
https://solarjournal.jp/solarpower/4011/ (2018/04/06)
20MW のソーラーシェアリングが中国で（PV オーナーズ管理者のつぶやき　2015/05/03)
http://pvowners.blog.fc2.com/blog-entry-797.html (2018/04/06)
中国の巨大ソーラーシェアリングを見学（環境ビジネスオンライン　2018/02/19)
https://www.kankyo-business.jp/column/016728.php (2018/04/06)

コラム3
「日本だけではない　世界で広がるソーラーシェアリング」

ソーラーシェアリングは長島彬さんが考案したものだけに日本だけで進められているかと思いきや、今や世界のあちこちに広がっているようです。自然エネルギー、太陽光発電が世界でものすごい勢いで広がっていることを考えれば、そのことはそれほど意外なことではありません。

太陽光発電でも世界のトップを走っている中国ではソーラーシェアリングも凄い勢いで広がっています。例えば、江蘇省でブルーベリーやイチゴ等を栽培している15MWのソーラーシェアリングや、四川省で牧草を栽培する20MWのソーラーシェアリング、恵州市の50MWという巨大ソーラーシェアリングの事例等が報告されています[(1)]。いかにも中国らしい規模の取り組みです。

こうしたソーラーシェアリングは欧米やインドでも広がっており、ソーラーシェアリングを特集した『EARTH JOURNAL』Vol.5（2017 AUTUMN）は「世界で広がるソーラーシェアリング」として仏、独、伊、米、印での取り組みを紹介しています。「発電した電力を売り、得た利益を農業生産の改良に使うことにより「太陽」と「土地」という２者の活用だけに限らない相乗効果を生み出している」（仏）、「上部にソーラーパネルを備えた温室で作物を育てつつ、そのパネルで発電も行う」「農業とソーラーの大規模

あとがき

筆者がソーラーシェアリングの現場を初めて見学したのは福島県南相馬市の「一般社団法人えこえね南相馬」のソーラーシェアリング第一号、奥村農園ソーラーシェアリング「再エネの里」でした。2013年8月末のことで、「営農型発電」に関する農水省農村振興局長通知が出されてから半年しかたっていないときでした。そのときはまだパネルの下で作物が育っていなかったことを記憶しています。

ここを訪れたのはゼミの学生達と一緒でした。大学を退職前の最後のゼミ生で、この年は毎年行っている農村調査実習のテーマや実習先を学生達自らで決めてもらうことにしました。その結果選んだテーマの一つがソーラーシェアリングであり、福島県の南相馬市でした。学生達の新しい動きへの感度の良さに驚かされました。

本書でソーラーシェアリングを取り上げようと思った直接のきっかけは、その後NPO法人市民電力連絡会の「福島復興再エネ探訪ツアー」（2017年4月）に参加し、ソーラーシェアリングを中心とした太陽光発電の取り組みを見学したことでした。そのときに4年前に学生達と訪れた南相馬市や、本書で取り上げた川俣町や飯舘村のソーラーシェアリングも見学し、説明を聞きました。そのようなこともあり、まえがきでも述べたように各地でのソーラーシェアリングの取り組みについて農業の方に焦点をあてながら少し詳しく調べてみようと思いたちました。

本書で紹介したような各地の取り組み事例を調べてみて、繰り返しになりますがソーラーシェアリングは農業が主体であるべきこと、またそうであることによってソーラーシェアリングが農業や地域の再生に活かされること、ソーラーシェアリングに取り組んでいる農家や市民グループの人たちもソーラーシェアリングを農業や地域の再生にどうやってつなげるかを強く意識しながら取り組んでいることをあらためて知ることが出来ました。

ソーラーシェアリングに取り組んでいる人たちはまた、それぞれの地域でソーラーシェアリングをどう広げていくかについてもいろいろ考えながら取り組んでおり、そこからもいろいろ教えられました。繰返しになりますが、その一端を紹介しながらソーラーシェアリングをどう広げていくか、その課題について簡単にふれておきたいと思います。

ソーラーシェアリングを地域で広げていく上で大事なこととしてあげられていたことは、当然のことかもしれませんが、まず農家、地域の人たちにソーラーシェアリングについて知ってもらうこと、ソーラーシェアリングの良さ、意義を理解してもらい、取り組もうという意欲をもってもらうということでした。さらにソーラーシェアリングの導入効果を自分の営農活動、生活に即して考えてもらうこと、売電収入が新たに生まれれば、それを活かして自分の経営や営農活動をどう変えていけるか、充実させていけるかについて考えてもらうことが大切でないかということも重要な点でした。

さらにもう一つ注目すべきは、個々で独力で取り組むのはハードルが高いとすれば、地域で連携してソーラーシェアリングに取り組むこと、情報収集・交換等も含めて農家が連携して取り組めば、そのハードルをいくらかでも低くすることが出来るのではないかということです。市民エネルギー組織のような外部の組織との連携・協力も有効です。紹介した事例でも地域で農家どうしが連携・協力しながら取り組んでいたり、市民エネルギー組織の協力をえながら取り組むというケースもありました。匝瑳市飯塚の事例は、そのような市民エネルギー組織の出現が地域でのソーラーシェアリングの導入、拡大を支え、ソーラーシェアリングを農業と地域の再生につなげていく上で非常に重要な役割を担ったことを示していました。

農家が連携して取り組むという点では、設置工事を自分達で協力し合いながらやるようにすれば設置工事費もかなり安く出来るのではないかということも共通に指摘されていました。自分達で手がける手作りのソーラーシェアリングです。

集落営農によるソーラーシェアリングは、地域での農家の連携によるソーラーシェアリングの取り組みそのものであります。集落営農がソーラーシェアリングに取り組むことは、集落営農の経営基盤を固め持続的発展を図る上でも、さらに農村にソーラーシェアリングを広げていく上でも特別の意義があります。集落営農の場合、ソーラーシェアリングに取り組むことについての内部での合意形成に集落営農特有の難しさがあるかもしれませんが、農事組合法人入方ファームや（株）サンビレッジ四万十のような貴重な事例が既に生まれており、それに続くような事例が増えることを期待したいと思います。

最後になりましたが、今回の筆者の訪問に快く応じていただき、長時間にわたって丁寧に説明していただくとともに各種の資料も提供していただいた、筑西市の渡辺健児さん、川俣町のＫＴＳＥ合同会社の齋藤広幸さん、白河市の農事組合法人入方ファームの有賀良雄さん、四万十町の（株）サンビレッジ四万十の浜田好清さん、宝塚市の西谷ソーラーシェアリング協会の古家義高さん、飯舘村の飯舘電力の近藤恵さん、匝瑳市の市民エネルギーちばの椿茂雄さん、東光弘さんにはあらためて深く感謝申し上げます。お聞きしたことがどこまで正確にまとめきれているか、心許ないところがありますが、その点についてはご寛容を乞う次第です。刊行にあたっては今回も筑波書房の鶴見社長には大変お世話になりました。記して感謝申し上げます。

【著者略歴】

田畑 保［たばた　たもつ］

〔略歴〕
1945年　サハリンで生まれる
1967年　北海道大学農学部卒業
1972年　北海道大学大学院農学研究科博士課程単位取得
1972年　農林省農業総合研究所入所
1998年　明治大学農学部教授
2015年　明治大学退職　明治大学名誉教授　農学博士

〔主要著書〕
『地域振興に活かす自然エネルギー』（筑波書房、2014年）
『農村社会史』（共編著、農林統計協会、2005年）
『中山間の定住条件と地域政策』（編著、日本経済評論社、1999年）
『北海道の農村社会』（日本経済評論社、1986年）等

農業・地域再生とソーラーシェアリング

2018年6月15日　第1版第1刷発行

著　者◆田畑 保
発行人◆鶴見 治彦
発行所◆筑波書房
東京都新宿区神楽坂2-19 銀鈴会館 〒162-0825
☎ 03-3267-8599
郵便振替 00150-3-39715
http://www.tsukuba-shobo.co.jp

定価はカバーに表示してあります。
印刷・製本＝中央精版印刷株式会社
ISBN978-4-8119-0538-9　C0061